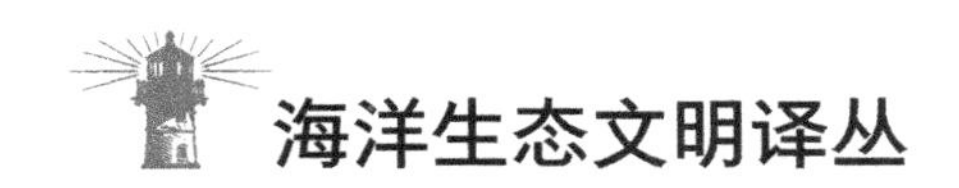

刘 纯 周永模 主编

学在海边

海洋环境教育与社会学习

海辺に学ぶ

環境教育とソーシャル・ラーニング

川边 翠 [日] 著
赵凌梅 译

外语教学与研究出版社
FOREIGN LANGUAGE TEACHING AND RESEARCH PRESS
北京 BEIJING

京权图字：01-2022-1932

图书在版编目（CIP）数据

学在海边 ：海洋环境教育与社会学习 /（日）川边翠著 ；赵凌梅译. —— 北京 ：外语教学与研究出版社，2022.5（2022.11 重印）
（海洋生态文明译丛 / 刘纯，周永模主编）
ISBN 978-7-5213-3592-7

Ⅰ. ①学… Ⅱ. ①川… ②赵… Ⅲ. ①海洋环境－环境教育 Ⅳ. ①X21

中国版本图书馆 CIP 数据核字（2022）第 077453 号

出 版 人　王　芳
责任编辑　付分钗
责任校对　闫　璟
封面设计　高　蕾
出版发行　外语教学与研究出版社
社　　址　北京市西三环北路 19 号（100089）
网　　址　http://www.fltrp.com
印　　刷　北京虎彩文化传播有限公司
开　　本　787×1092　1/16
印　　张　10.75
版　　次　2022 年 6 月第 1 版　2022 年 11 月第 2 次印刷
书　　号　ISBN 978-7-5213-3592-7
定　　价　57.90 元

购书咨询：（010）88819926　电子邮箱：club@fltrp.com
外研书店：https://waiyants.tmall.com
凡印刷、装订质量问题，请联系我社印制部
联系电话：（010）61207896　电子邮箱：zhijian@fltrp.com
凡侵权、盗版书籍线索，请联系我社法律事务部
举报电话：（010）88817519　电子邮箱：banquan@fltrp.com
物料号：335920001

总　序

海洋慷慨地为人类提供了丰富资源和航行便利。人类生存得益于海洋，人类联通离不开海洋。浩瀚之海承载着人类共同的命运，人类社会与海洋环境的互动密切而广泛：从史前时代的沿海贝冢，到现代社会的蓝色都市；从古希腊地中海商人的庞大船队，到中国海上丝绸之路的繁华盛景；从格劳秀斯《海洋自由论》的发表，到《联合国海洋法公约》的签署和实施，无不体现出海洋在人类文明进程中演绎的重要角色。海洋文明史是构成人类文明史的一个重要维度，充满着不同文明之间的交流融合。中国在拥抱海洋文明的进程中，始终秉持海纳百川、兼收并蓄、和平崛起的精神。历史上郑和下西洋，推行经贸和文化交流，通过调解纠纷、打击海盗等方式，结交了诸多隔海相望的友邻，促进了文明的相互沟通和彼此借鉴。而今，以“和谐海洋”为愿景、保护海洋生态环境、坚持和平走向海洋、建设“强而不霸”的新型海洋大国，已成为中华民族走向海洋文明进而实现伟大复兴的重要步骤。

随着生产力的飞速发展和人类对海洋价值认识的不断更新，海洋蕴藏的巨大红利逐步释放。当人类的索取超过了海洋能够负载的限度时，海洋生态系统成为资源过度开发的牺牲品。无节制的捕捞作业使一些渔业资源濒临灭绝，来自陆海的双重污染和开发压力使海洋水体不堪重负，海洋成为当今全球生态环境问题最为集中、历史欠账最为严重的区域之一。为了让海洋能够永续人类福祉，联合国于 2016 年 1 月 1 日启动《联合国 2030 可持续发展议程》，该议程在目标 14 中强调“保护和可持续利用海洋和海洋资源以促进可持续发展”。海洋渔业选择性捕捞、海洋生物多样性保护、海洋污染防控、气候变化对海洋影响的探究等成为全球关注的重要焦点。

海洋生态文明建设是我国生态文明总体建设的重要组成部分，积极推动海洋生态文明建设有利于促进人与海洋的长期和谐共处、推动海洋经济的协调和可持续发展。“我们人类居住的这个蓝色星球，不是被海洋分割成了各个孤岛，而是被海洋联结成了命运共同体，各国人民安危与共。”习总书记高屋建瓴地提出了中国建设海洋生态文明的构想，从构建海洋命运共同体的高度阐述了海洋对于人类社会生存和发展的重要意义。世界范围内海洋生态文明议题在文学、哲学及科技等领域的多层面多角度的研究成果为我们提供了良好的经验借鉴，重视、吸取和研究域外有关海洋生态文明的研究成果，有助于汇聚全球智慧，形成共促海洋生态文明建设的合力。

基于上述认识，上海海洋大学和外语教学与研究出版社精选了国外有关海洋生态文明的著作，并组织精兵强将进行翻译，编制了“海洋生态文明译丛”。本译丛系统介绍了国外有关海洋生态文明研究的部分成果，旨在打破海洋生态文明演进的时空界限，从人类学、历史学、环境学、生态学、渔业科学等多学科视角出发，探讨海洋环境和人类文明之间的互动关系，揭开海洋生物的历史伤痕，探究海洋环境的今日面貌，思考海洋经济的未来发展。丛书主要包含以下 7 部译著：

《人类的海岸：一部历史》是讲述过去10万年来海洋文明发展的权威著作。海岸深刻影响着沿岸居民的生活态度、生活方式和生存空间。约翰·R. 吉利斯再现了人类海岸的历史，从最早的非洲海岸开始讲起，一直谈到如今大城市和海滩度假胜地的繁华与喧嚣。作者揭示了海岸就是人类的伊甸园，阐释了海岸在人类历史上所起的关键作用，讲述了人类不断向海岸迁徙的故事。在此意义上，该著作既是一部时间的历史，也是一部空间的历史。

《沙丁鱼与气候变动：关于渔业未来的思考》阐述了“稳态变换”现象，即伴随着地球大气和海洋的变化，鱼类的可捕获量间隔数十年会以一定规模变动。并以沙丁鱼为例，介绍了该鱼类种群的稳态变换现象，讨论了海洋和海洋生物资源可持续利用的方向，强调了解“大气－海洋－海洋生态系”构成的地球环境系统的重要性，为我们带来一种崭新的地球环境观。

《海生而有涯：航海时代的大西洋捕捞》一书中，作者博尔斯特以史学家的视角叙述了近千年来人类对大西洋的蚕食侵害，又以航海家的身份对日益衰减的海洋资源扼腕叹息。先进捕捞工具使渔获量上升，人类可持续发展观念不足则导致了渔业资源储藏量骤降，海洋鱼类的自我恢复能力也受到威胁。作者用翔实的数据和真实的案例论证了生态基线的逐渐降低和海洋资源的加速匮乏，振聋发聩，引人深思。该书引经据典，语言风趣，是海洋生态领域不可多得的一部力作。

《蓝色城市主义：探索城市与海洋的联系》聚焦“蓝色城市主义”的概念，诠释了城市与海洋之间的联系，从多个视角阐述如何将海洋保护融入城市规划和城市生活。蓝色城市主义这一新兴概念的诞生，意味着城市将重新审视其对海洋环境的影响。该书为我们描绘了一幅蓝色愿景，强调城市与海洋之间的认同，引发了读者对“如何在蓝色城市主义的引领下履行海洋保护的应尽之责？”这一问题的思考。

《学在海边：海洋环境教育与社会学习》重点介绍了日本“利用海洋资源”和“与海洋和谐共处”的经验，以环境教育和社会学习为主题，从日本的沿岸区域、千年生态系统评价与生态服务、海边环境的管理与对话、地域协作、环境教育的实践、渔业相关人员的交流对话、经验与学习、人类共同面临的海洋课题、海洋绿色食品链等多方面多角度进行了介绍和思考，是一本集专业性与易读性、基础性与前沿性为一体的海洋生态类专著。

《渔业与震灾》讲述了2011年东日本大地震发生后，日本东北、常磐一带的渔业村落面临的窘境：基于原有的从业人口老龄化、鱼类资源减少、进口水产品竞争等问题，渔业发展不得不面对核辐射的海洋污染、媒体评论等次生灾害的威胁。作者滨田武士认为，要解决这一系列的海洋生态问题，应当重新重视传承了渔民“自治、参加、责任”精神的渔业协同合作组织的“协同”力量，只有从业人员的劳动“人格”得以复兴，地域的再生才能得以实现。

《美国海洋荒野：二十世纪探索的文化历史》是一部海洋生态批评著作，作者以传记写作方式介绍了7位海洋生态保护主义者的生平与理论。通过将美国荒野的陆上概念推进到海洋，架起了陆地史学与海洋史学之间的桥梁，将生态研究向前推进了一大步，对海洋环境和历史研究是一个巨大贡献，对中国海洋生态保护和蓝色粮仓研究是一个重要启示。

上海海洋大学是一所以“海洋、水产、食品三大主干学科”为优势，农、理、工、经、管、文、法等多学科协调发展的应用研究型大学。百余年来，学校秉承“渔界所至海权所在”的创校使命，奋力开创践行“从海洋走向世界，从海洋走向未来”新时代历史使命的新局面。上海海洋大学外国语学院与上海译文出版社、外语教学与研究出版社合作，先后推出“海洋经济文献译丛”“海洋文化译丛”和“海洋生态文明译丛”系列译著。这些译丛的出版，既是我校贯彻落实国家海洋强国战略的举措之一，也是我校外国语言文学学科主动对接国家战略、融入学校总体发展、致力于推动中外海洋文化交流与文明互鉴的有益尝试。

本套丛书“海洋生态文明译丛”是上海海洋大学、外语教学与研究出版社以及从事海洋文化研究的学者和翻译者们共同努力的成果。迈进新时代的中国正迎来重要战略机遇期，对内发展蓝色经济、对外开展蓝色对话是我国和平利用海洋的现实选择。探索搭建海洋生态文明研究的国际交流平台，更好地服务于国家海洋事业的发展是我们应当承担的历史使命。相信我们能在拥抱蓝色、体悟海洋生态之美的同时，进一步“关心海洋、认识海洋、经略海洋”，共同推动实现生态繁荣、人海和谐的新局面。

李家乐

2020 年 5 月 20 日于上海

译者序

我与本书作者川边教授在东京海洋大学与上海海洋大学的交流研讨会中见过几次面，我当时多是担任口译工作，对川边老师深入浅出、逻辑清晰的报告印象深刻。后来在上海海洋大学外国语学院计划出版“海洋生态文明译丛”时，我又有幸担任了本书的翻译。于我而言，翻译的过程也是学习的过程，我在翻译过程中收获良多，同时得到了学校和学院领导、同事们，还有外研社多位编辑朋友的帮助，在此深表感谢。

我在日本东北大学留学期间，曾经亲历了百年一遇的东日本大地震。虽然地震时天翻地覆的感觉已足够让人惊恐，但是那场灾难最令我震撼的却是灾后一个月左右，我去发生海啸的海边时看到的场景：原本平和的海边小镇变成了一片荒芜；海边的房子和汽车就像小孩子潦潦草草团起的纸团一样早已看不出原本的形状；农田和花园被海水浸泡后变得寸草不生……这与地震前安静祥和、亲近大海的景象形成了巨大的反差，我至今都难以忘怀。也是从那个时候开始，我开始意识到，人类在大海面前是那么的渺小。我们必须虚心向大海学习，努力与大海和谐共处。

川边老师的这本书让我对海洋和人类的“对话”有了很多新鲜的认知。本书从日本的沿海开发和利用、联合国千年计划与海洋生态系统的评价、海洋资源环境管理、海洋利用与管理中的协作、学术与经验的碰撞、海洋绿色产品的发展与展望等多个方面对海洋生态系统的社会学习及其保护进行了经验的分享，还对可持续发展视角下的海洋环境保护和利用提出了很多宝贵的思考和意见。海洋的保护和可持续发展，需要的不仅是科学工作者和渔业工作者的努力，更需要全世界人们的共同努力。通过这本书，我更加深刻地认识到“可持续发展”不是一个口号，更重要的是一种理念，一种应该渗入到我们的生产和生活活动的每一个细节的理念。我在翻译的过程中不断思考并产生疑问，然后在后文中得到令我欣喜的解答，翻译的过程就像我与川边老师愉快的对话。虽然我非常希望各位读者在阅读的过程中能和我一样体会到本书精妙的内容，但是由于我翻译水平有限，难以把原文中的每一个细节都完美转化出来，所以敬请大家对于我不完美的翻译多加谅解。当然，我也非常期待大家不吝指教，随时与我联系，我的邮箱是：lmzhao@shou.edu.cn。谢谢大家!

赵凌梅

2022 年 2 月 17 日

目　录

序
海边随想

请把你听到“海边”这个词后脑中浮现的风景画出来。

在我们的工作小组成立之初，我曾给大家出了这样一道题。

参加人数大约有30人左右，我给每个人发了一张A3的白纸和8种颜色的彩笔。画完之后，坐在同一张桌子上的人互相介绍自己画的画，我们的工作小组就这样开始了。

参加工作小组的成员们分别介绍了自己心中的“海边”。

正在参加海滩保护活动的小M画的海边，是时常举办自然观察会的东京湾深处的潮滩。他画里的海滩上有很多小螃蟹、双壳贝、沙蚕，还有在迁徙期的鹬鸟、白鸻们蠢蠢欲动地盯着它们。

而喜欢潜水的小T画里的海边，是石垣岛湛蓝的海。美丽的珊瑚礁旁边围绕着各色各样的鱼，还有游着泳的小T本人。他还说，最近工作太忙了，都没有时间去。

大学生S君的海边，则是靠近他北陆老家的海岸。他说他每次回老家，都要牵着狗一起到那儿散步。画中的S君和他的爱犬面向大海并肩坐在岸边，一边眺望星空，一边听着海浪的声音。

每个人画中的海边都各不相同，却都是他们心中最美的海边风景。

即使我们心中没有这样深刻而美丽的海边印记，但只要你生活在四季分明的日本列岛，便会立刻想到这样的一些海边景象吧：

春天的大海，波浪悠闲地拍击着海岸。

夏天的大海，烈日下闪着粼粼波光。

秋天的大海，寥无人烟独自孤寂。

冬天的大海，就连波浪都变得粗野。

当然还有，在不同的季节为我们带来各种不同时鲜美味水产品的，慷慨的大海。

但是，我们共同拥有的海边的记忆，却不只有这样光鲜美丽的一面。

比如，20世纪60年代的高度经济增长所形成的临海工业地带。从工厂流出的种种有害物质，造成了生物难以生存的海洋环境，也大大损害了住在海边的居民的健康。

又或者，20世纪90年代由于油轮的触礁事故和海湾战争造成的石油泄漏。大家应该还记得电视、报纸报道过的那些沾满重油[a]、全身漆黑的海鸟和海生哺乳动物们。

---

a 原油经分馏提取汽油、煤油、柴油后剩下的残余物，又称燃料油。比较黏稠，难挥发，很难清除。

还有2011年3月11日的“东日本大地震”[a]。海啸像要把陆地夷为平地一般，把所有东西都吞入波涛之中，这幅情景以及海啸过后面目全非的村庄的模样，让人难以忘记。

海是无边无际的。我们因其无垠而忘记它也会受到伤害，把各种各样的东西排入其中并时而受到反噬。还有时，大海会把它巨大力量的矛头指向人类的生活。所以，我们在海岸上建造防波堤和消波块，来保护生命和财产，也建造了高大到让我们从陆地上几乎看不到大海的巨大屏障——防潮堤。

但是，看不到大海并不意味着削弱了大海的力量。大海一直在那里。而且，即使我们建筑堤防，试图让大海远离我们的生活，但我们仍然需要登船出海，捕鱼生活，搬运货物，从大海得到各种各样的恩惠。人类的生活无法离开大海。

因此，比起畏惧大海远离大海，我们更需要做的是一边眺望大海，一边一起来思考如何享受大海带来的惠泽，又如何去应对大海的凶猛。

在水俣，为了援助那次有毒污染的受害者针对氮污染提出诉讼，有志之士结成研究会，收集资料并反复论证，强化论据，追究企业责任。1997年在福岛县发生了纳霍德卡号石油污染事件后，来自全国各地的群众和当地群众一起来到现场，回收泄露的重油。这件事也成为灾害时的志愿者支援活动在日本社会扎下根来的一个契机。东日本大地震中遭受了巨大打击的日本东北地区太平洋沿岸的所有地方共同体，都会经常请来外部人士一起座谈，共享知识和信息，通过对话和反复尝试，各自摸索复兴之路。

所谓“社会学习（Social Learning）”指的是，人们互相分享知识和信息，通过对话和共同提出解决方法，探索解决问题的方法。现在人们

a　也称为“3 · 11日本地震”。

已普遍认识到，这是人类在保护性地利用自然资源和环境时最重要的根本途径。

本书围绕海边，也就是沿岸区域，介绍其社会学习的技巧和方法。

前半部分（第一至三章）作为探索今后沿岸区域利用和保护方法的基础，对沿岸区域的开发过程和现状，以及为实现可持续利用而进行沿岸区域管理的必要性与课题进行了梳理。

第一章“眺望海边——日本的沿岸区域”从水质、填海造地和沿岸渔业这三个方面纵观了海边在战后演变成今天这一样态的历程。在第二章“计量海边——千年生态系统评估和生态系统服务”中，通过近年来常用的“生态系统服务”这一用语来描述沿岸区域的价值，并为宏观把握全世界沿岸区域的状况、抑制沿岸区域生态系统服务的恶化，对近年来另一个热门词语——“对生态系统服务的支付”——的概念及其在社会实施中存在的课题进行了分析。第三章“与海边协作——管理与对话”引公共资源论[a]（The Tragedy of the Commons）为例证，阐述了维持生态系统服务所需的两种对话——“自然与人的对话”和“人与人的对话”，探讨沿岸区域管理的应有状态。

后半部分（第四至九章）主要以具体事例介绍与沿岸区域互相学习，社会学习的技能和方法。因此，对沿岸区域已经较为了解的读者，可以跳过前半部分，直接从第四章开始阅读。

第四章“探访海边——地区的合作伙伴”以高校研究人员为开展地区活动而敲开大田区和港区的地区门户时的体验为例，探讨与当地居民一起开展活动的教训。第五章“在海边学习——环境教育的实践”介

a 1968 年英国加勒特 · 哈丁教授 (Garrett Hardin) 提出的理论，指公共资源会因共同拥有者的过度使用或开发而枯竭。

绍了以环境教育为业的自然解说员和研究者在葛西海滨公园协作举办的海洋环境教育项目，展示了协作举办的项目的充实程度和待解决的课题。第六章“对话海边——小鱼咖啡馆的尝试”对“小鱼咖啡馆”这个可供不同领域的海洋专家——研究者和渔民与市民一道通过对话创造出新知识的空间进行了介绍并思考其意义及面临的课题。

在第七章“阅读海边——从经验中学习”中，作为一种协作学习如何解决沿岸区域资源环境相关矛盾与冲突的手段，介绍了管理学和法学等专业教育中使用的“案例教学法（Case Method）”这一方法。第八章“对海边的疑问——大家共同思考的海洋问题”介绍了2011年3月福岛第一核能发电站事故造成海洋核污染之后，福岛县水产业相关人士所采取的振兴举措，思考人类一起共同面对问题这一行为方式的意义。在最后一章第九章“吃在海边——绿色渔业”里，作为沿岸区域管理的一种参与方式，介绍了物流业者和消费者为援助竭尽全力保护资源环境的生产者而协力构建、运营的一个食品体系“绿色渔业”。

如果本书能够促使教育和研究机构的外延服务（outreach）活动、市民活动及自然解说员的环境教育活动进一步发展为参与到沿岸区域的利用管理中去，或者能够在沿岸区域管理——河川管理、海岸管理、渔业资源管理、海域管理、环境保护等等——的实际工作中，为促进相关部门与各种海边利益相关者（stakeholder）间的协作关系起到一点作用，我将感到不胜欣喜。

第一章
眺望海边——日本的沿岸区域

1 沿岸区域的环境

为了向海边学习，首先让我们一起了解一下当今日本海边的模样吧。

本书中所说的海边，笼统地指海岸两侧的海域与陆域空间、即沿岸区域。这个沿岸区域并没有一个固定的空间范围，比如从海岸开始多少千米以内之类，而是根据所涉及的问题而定。有时候指的是面朝大海，经营沿岸渔业的渔场的范围，也有时候指的是包含专属经济水域200海里在内的沿岸海域。陆地方面，有时考虑的只是从海岸开始的数百米范围，有时则把河流从山脉流向大海的整个流域范围都作为沿岸陆域来考虑。

沿岸区域一般来讲要比内陆的人口密度高。因为沿岸区域水资源和动植物等自然资源都相对丰富，水运也相对便利。但是，人口越是密集，自然环境和生态系统受到的人类活动的压力——各种物质的排出造成的污染和海岸改变、资源滥捕等等——就越多。另外，因为很多人抱着不同的意图和目的来利用资源和环境，所以在沿岸区域，围绕资源和环境也容易产生摩擦。其中公害问题首当其冲。从大约50年前拍摄的经济高度成长期的工业地区的影像中我们可以看到，林立的工厂烟囱不断吐出的烟雾弥漫了天空，从排水口滚滚流出的液体不断被排向河川大海。由于化学物质和重金属污染，海里的生物暴毙海中，天上的小鸟也渐渐消失，居民的健康受到严重威胁。

幸好今天的日本大概不会再发生这么严重的环境污染了。我工作的大学在东京·品川的填埋地，从高浜运河上的御楯桥穿过去便是。这里和东京湾的临海工业地带近在咫尺，某位1970年初考入本大学的教授说“以前这条运河非常臭，不捂住鼻子都不能过桥”。如今只有在遇到疏浚船疏通运河河底的污泥时才会让人觉得臭。

但是，如果被问道，那么现在的环境就很好了吗？我也不能不假思索地点头。确实，天气好的时候，站在桥上可以眺望运河上面的蓝天。但是，当我们把目光转移到脚下的水面上时，却发现水的颜色一直是发黑的茶褐色，虽然偶尔能看到两三只鸬鹚和野鸭，有时也能看到鲻鱼在水中游着，但是水环境还远远不能让生物舒适地在这里生存。顺便说一句，运河两边的建筑也都是钢筋混凝土的背影冷冷地对着水面，水边的环境也难称温馨。在大学上课时，我曾问学生：“提到东京湾你们能想到什么？”其中有人回答“脏”或者“钢筋混凝土”，就说明了这一点。

因为这条运河是建在都市港湾的填埋地之间的，所以到处都是钢筋混凝土可能也是没办法。但是，海岸都是钢筋混凝土的却不只限于城市。就算到了乡下，也常常会看到没有人烟的海滨被消波块填满的光景。抑或是，经常听说全国各地的海岸因为建造了离岸堤，海滨沙滩也随之变得贫瘠（偶尔也听到过“附近的沙滩变贫瘠了，这里的海滩变肥沃了”这种说法）。还有，东日本大地震之后，各地都开始建设高大的防潮堤。当然防灾是十分重要的。但是，当我看到把从陆地眺望大海的视野完全挡住的巨大壁垒，不禁会感到惋惜，难道防灾只有这一种方法吗？

海边和罗马一样，都不是一日建成的。从古至今，在海边留下了很多历史，根据每个时代的政治和社会的需要，人们不断改变着海边，结果就是现在海边的样子。再过几十年，又轮到那个时代的人来眺望我们所塑造的海边了。那将是什么样的海边呢？我们会给我们的后代留下怎样的海边风景，又用这样的风景传达给后世什么呢？这不应该只是政治家或者官员的课题，也应该由在海边生活的人们一起思考。

我想在这本书里向大家提议一种“学习”的方法、一种群策群力思考如何建立海边的可持续利用的方法与机制的过程。为了建立一个共同的立脚点，在这一章，首先以填海造地、水质污染、沿岸渔业这三个课题入手，看一下战后至今日本的，特别是城市的沿岸区域的变迁。

2 作为开发对象的海边

二战后的工业化与沿岸开发

首先请从数字看一下日本海岸的情况。虽然数据有些陈旧，但是根据 1998 年环境厅自然保护局发布的第五次自然环境保护基础调查海边调查报告[1]，日本的海岸线总长 32,799 千米，其中本土区域四岛（北海道、本州、四国、九州）共 19,298 千米。这当中的 41% 是由港湾建设、填埋、疏浚、围海造地等手段显著改造过的人工海岸，15% 是含有道路、护岸、消波块等人工构筑物的半自然海岸，保留了原本自然形态的自然海岸只有 43%。也就是说，日本列岛海岸线的一半以上都有人工改造的痕迹。当然地区不同比例也有所不同，越是环抱大都市的内湾，人工海岸的比例就越高，东京湾达到 86.2%，大阪湾北部则达到了 96.8%。

以东京和大阪为代表的都市圈的沿岸区域被大面积地填埋，和战后的工业开发，尤其是经济增长的支柱产业重化学工业的发展密不可分。

1945 年战败后日本政府的当务之急最重要的就是解决粮食危机[2]。战争中，根据国家总动员法，所有资源和劳动力都被投入到战争中去，农地都因劳动力和肥料不足而荒废。还有，由于战祸和运输能力不足导致连接生产地和消费地之间的运输链断绝，从国外进口粮食的路也走不通了。再加上又从国外撤回了多达 500 万人口，因此特别是城市部分，产生了粮食的绝对性不足。所以说，政府在全国各地计划开展把潮滩和浅海排水造地的“国营开拓事业”应该就是为了实现国内粮食的自给自足吧。看一下这个时期的化学工业情况可以发现，直至昭和 20 年代（1945—1954 年）后半期，生产额的约六成都来自提高农业产量所必需的化肥等无机化学[3]。

然而，在国营开拓事业推进期间，政府的自给方针发生了很大的变化。1951 年日美间关于经济合作构想达成一致后，政府在 1954 年签订《日本国与美利坚合众国间相互防卫援助协定》[4]，小麦、大麦、大豆、玉米等粮食供应开始依赖进口农产品。在能源供给方面，石油和煤炭所占的比例 1955 年分别为 18% 和 47%，1961 年变为各占大约 40%，1973 年变为 77% 和 15%，主要能源由煤炭转向了石油。支撑这种变化的原油进口量，从 1955 年的 927 万千升，变为 1965 年的 8763 万千升，增长到约十倍，1973 年更是急速增长到 2.8838 亿千升。

原油进口量的急速增长反映出了当时日本的经济战略——使用进口原材料实现重化学工业化。1955 年 7 月，通产省（通商产业省）审议通过了《石油化学工业育成对策》，关于这一点，日本的环境经济学研究先驱华山让[5]在他的著作《环境政策思考》一书中阐述了这样的观点：

> 日本国土狭小、资源匮乏，人口众多。战败后的日本，为了实现经济复兴能够依靠的资源到底是什么呢？勤奋优秀的国民性姑且不论，政策上有意识地开发的资源，实际是港湾。日本石油、铁、煤炭等资源都很匮乏，能够发展重化学工业的重要技术条件就是丰富的港湾资源。1955年，通商产业省决定了发展石油化工业的措施，并在决定购买位于山口县岩国和德山以及三重县四日市的前陆军和海军燃料厂址时，决策者们已经很清楚，港口和海港条件的发展将构成日本重化学工业的基础。从某种意义上说，这是一个绝妙的主意。优越的港湾条件，使得从海外运输资源的船舶的大型化与运费的低廉化成为可能。
>
> 华山让《环境政策思考》岩波书店

从1955年9月到次年，这里共批准了以4个大型工业区联合企业为中心的14所公司的事业计划，大型工业区于1958年开始运营，在这里开始进行石油化学制品的国内制造。

此外，池田勇人内阁在1960年12月决议通过了“收入增加一倍计划”，并于1962年制定了“全国综合发展计划（一全综[6]）”指导国家土地的后续发展利用。其中提出的“据点式开发方式”是指将全国15个新兴工业城市和6个特殊工业开发区用作工业基地，并将其发展影响扩展到周边地区，以缩减地区差距。被指定为区域发展核心的新兴工业城市北至北海道、东北地区的八户、秋田湾和岩城郡山，南至九州的大分、日向、延冈、不知火、有明、大牟田地区，除长野县内的松本、诹访地区外，全都包含了沿岸地区。就这样，在经济高速增长时期，一些沿岸地区的工业化作为国策而得到促进，重化工业成为日本经济增长的支柱。

公害时代

从20世纪50年代后半期到60年代的快速工业化以及日本的快速经济增长，引发了由各种各样的物质——大气、水质、土壤——造成的各种环境污染和公害。我手头的一本1967年发行的地图册《新详高等地图初订版》（帝国书院）中有一幅“日本环境问题发生地的分布”全国地图[7]。从这个地图看，不仅有水俣病、新泻水俣病、痛痛病、四日市哮喘等四大公害病发生的地区，全国各地都发生了镉、砷、汞等重金属和化学物质等各种有害物质引发的污染。

在那个污染防控法律体系不完善的时代，政府和法律都不能保护受害者。受害人别无选择，只能自己对企业提起诉讼。在政府和地方政府都将经济增长放在第一位的环境下，因健康受损而遭受社会偏见、陷入穷困的人们提起的诉讼，完全就是为生存权而进行的斗争[8]。

1970年12月，在反公害运动和公害诉讼席卷全国的大背景下，国会终于通过了关于防止公害的14项法案。《空气污染控制法》和《水污染控制法》的管控对象从有限的指定区域扩展到了全国，管制物质的数量也增加了。此外还删除了1967年《公害对策基本法》中规定的“经济协调条款”，即“保护生活环境应与实现经济的健康发展相协调”。同时，将指导各企业遵守标准的职权移交给市町村长和都道府县知事，并明确规定各都道府县有权就空气污染和水污染另行颁布法令、作出“补充规定”，以保护居民的健康和健康的居住环境[9]。

除了强化法规外，1971年的美元危击（Nixon Shock）和1973年的第一次石油危机也迫使在此之前的依赖重化学工业的经济发展战略发生了方向转换。由于原油价格飞涨，国内工业的主流已经从以前的进口原料在国内加工这样一种形态转变为将生产据点转移到原料和劳动力都更加便宜的东南亚，然后将生产的零件运输到日本组装这样一种生产形态。通过这样的转变，日本的公害污染逐渐消退。 但是，却在变为日本生产基地的马来西亚、印度尼西亚、菲律宾和泰国等国家，引发了与工业生产有关的公害，因此在20世纪80年代因“日本的公害出口”而受到了国际社会的批判[10]。

无休止的填海造地

在沿岸开发中，最首当其冲的通常是潮滩。

潮滩是一个潮间带，夹在海滩上潮汐最高时的海滨线（高潮面）和退潮后水位最低时的海滨线（低潮面）之间。因此，高潮面和低潮之间面的倾斜度越小、潮差越大，则面积越大。在日本列岛，潮位差较大的太平洋一侧容易形成潮滩，尤其集中在濑户内海和九州。

潮滩因潮涨潮落而被水淹没或露出水面，其环境时时刻刻都在变化。潮滩的底质也根据粒度组成不同分为沙质和泥质等各种类型，其生物相、生物生产和物质循环也会各不相同。另外，根据海浪、海水、流入潮滩的河水的状态等不同，潮滩的环境也会发生变化。在这样一种独特的环境下形成的潮滩上生活着多种多样的生物，从微生物、以沙蚕和蛤仔等为代表的底栖生物、到鱼类尤其是幼鱼（稚仔鱼）以及鹬、鸻等鸟类，各种各样的生物根据不同时间产生的环境变化来到此处或是常住于此，形成独特的生态系统。

内湾的潮滩平静且不易受洋流和海浪的影响，填埋的条件也很好。回顾1980年的环境白皮书[11]，在日本战败的1945年，全国潮滩面积为85,591公顷，而在经过了包括高经济增长时期在内的30多年后的1978年，这个数字减少至大约57,330公顷。在此期间，三分之一的潮滩消失了。在面积方面，东京湾和濑户内海的减少尤为显著，都有超过8000公顷的潮滩消失了。

经济高速增长期结束后，工业用地需求减少，但这并不意味着沿岸填海造地的工作停止了。在1962年的“一全总”之后，大约每隔10

年便会发布一次国家综合发展计划和内需扩大政策，例如，城市复兴计划（1983 年的《促进城市发展放缓管制政策》）、度假地法（1987 年的“综合疗养地发展法”）等。与之相呼应，沿岸的填海造地工作也以各种不同的目的不断继续着，比如为完善废弃物处理设施、污水处理设施等城市功能，为增强港口、道路和机场等交通功能，以及为确保宅地和娱乐用地等等。翻阅国土交通省的资料，可以看到东京湾的填埋地从功能来看，工业用地占 37%，城市功能用地和交通功能用地各占 17%，共 34%，港口用地占 10%。

可能会有人说，日本国土狭小，要想开发，就只能向海里发展了。那么为什么不开发内陆地区呢？明确指出日本战后的发展是一部“破坏海洋的发展史”的明治学院大学熊本一规[12]先生，在其著作《可持续发展与生命系统》中对这个问题给出了这样的回答：

> 海洋的破坏并不是因为国土狭小才发生的。在内陆，由于农林业不景气，很多农地和林地被空置，农村和山村的人口越来越少。日本内陆绝不是没有土地。……海洋的破坏是与开发联动发生的。也就是说，对于日本的第二产业和第三产业来说，比起在内陆的农村或山村里选址，填海造地在经济上更有利。
>
> 熊本一规《可持续发展与生命系统》，学阳书房

多数人认为海洋虽然有像渔民这样的使用者，但没有所有者。也就是说，与陆地相比，海洋可以更高效快速地确保获得整块的大面积场地。

3 大海是否变干净了

富营养化、有机污染与贫氧化

1970 年 12 月召开的“公害国会”[a] 建立了日本环境施政方针的基础，在约半个世纪后的今天，工厂排出的有害物质已经极少发展至环境问题。但是，石油污染事故、海岸沙漠化、海岸侵蚀、海岸垃圾，乃至原子能设施排放的放射性物质……海洋环境问题层出不穷。

其中，富营养化→有机污浊→贫氧化的这一连锁反应，不仅在日本，在全世界的城市沿岸都是常见的现象。

富营养化是指浮游植物和水生植物进行光合作用所必需的营养素，特别是氮和磷丰富存在的现象。大致说来，在大海和湖泊的水中，如果氮和磷充分存在，再加上适当的日照和水温，表层的浮游植物就会不断地进行光合作用而变得繁茂。物种丰富的大海的基础是浮游植物的光合作用，即基础生产。为此，氮、磷等营养盐必不可少。但是，在营养盐过剩的富营养化的海洋和湖沼等里面，浮游植物有时会爆发性地生长引起“赤潮”。即使不发生赤潮，也会发生浮游动植物及其尸体和排泄物，即有机物过多存在于水中的状态，即“有机污染”[13]。

麻烦的是，有机污染会在海的底层引起贫氧化，使那里变成生物更加难以生存的环境。例如，东京湾的深处、东京港内和运河等，全年都处于富营养化状态。日照量和水温都很低的冬天，富营养化并不是什么大问题，但是日照量增加、水温上升的 5 月到 9 月，表层的浮游植物就会不断生长。在这个时期，大海的表层有温暖的轻水，下层有冰冷的重水。这样的稳定状态下，表层的水和下层的水很难在垂直方向混合。另一方面，在表层生长茂盛的浮游植物和以浮游植物为食繁殖的浮游动

---

a 此次临时国会对公害问题相关法令作出了根本性完善，因而被称作“公害国会”。

物不久就会变成尸骸，毫无顾忌地从表层向底层沉淀。沉淀的有机物在底层会由微生物等分解，这时水中的溶存氧就会被消耗掉。氧气从大气通过海洋表面进入海洋，通过表层水与底层水的混合，供给到海底。但是，因为处于稳定状态的表层水和底层水很难混合，所以不能向底层提供充足的氧气。这样，底层的溶解氧浓度就会变得极低。如果发生这种贫氧化，呼吸氧气的生物就不能在海底生存了。这种情况下，鱼还是可以游泳逃走，但是像贝壳和螃蟹这样的海底生物却无法迅速逃走，大多都会死掉。城市沿岸海底的贫氧化在世界各地都有发生，被称为“死区(dead zone)”。

污水处理

城市沿岸富营养化的主要原因是我们的生活排水，具体来说就是从厕所、浴室、厨房以及洗衣时排出的废水。现在的日本因为下水道普及了(形式虽然有很多很多)，所以生活排水也几乎都得到了净化处理。但是，污水处理在很多情况下，是以有机物的分解和去除为目的的，由此产生的氮和磷却不能被充分地除去。那么，也许有人会想，氮和磷也通过污水处理除去不就好了吗？确实是这样，技术上也有可能。但是，为此而进行的设备投资和维持管理的费用由谁来承担？又要承担多少呢？这又成了一个问题。环境政策的基本原则之一就是污染者负担原则。因此，由于工厂排水而产生的污染，自然由该工厂所属的企业负责，将处理污染的费用内化到企业的经济活动中去。然而，富营养化的主要原因是生活在该流域的人们的生活排水。这样一来，防止或消除富营养化的费用要么作为污水处理费用的一部分由流域居民来承担，要么用税金来进行污水的高度处理。试问，有多少居民愿意接受这一负担？有人或许会认为，与其让大海变得干净，还不如把税金用在其他的事情上，比如完善社会福利。如果要从政策上来解决富营养化问题，我希望能够先列出可能的方案、其各自的效果和费用，然后共同商讨，由流域居民选择方案，并决定费用由谁负担多少等问题。

4 缩小的沿岸渔业

关于海边的三个问题的最后一个，我想谈谈沿岸渔业。

在日本，自古以来，利用定置网、刺网、底拖网等适合各种生态的渔具捕捞藻类、贝类、鱼类等海洋生物的沿岸渔业遍布各地。沿岸渔业是根据《渔业法》规定的“渔业权”来进行的。渔业权是一项认定给某一地区的渔村共同体的排他性权利，是指在特定的地方、通过特定的捕鱼法、在特定的时期捕捞特定鱼类的权利。渔业权主要包括共同渔业权（捕捞和采集贝类和海藻等定着性水产品的捕捞采取的渔业以及从事围网渔业的权利）、区划渔业权（在某些地区进行水产养殖的权利）和定置渔业权（使用定置渔具进行定置渔业的权利）这三种。原则上，渔业权大部分是由都道府县知事授予渔业协同组合[a]，渔业协同组合再制定渔业权行使规则和各种捕鱼规则，渔民根据这些规则进行捕鱼。

在上一节中，我提到了在高度经济增长期为了支撑工业的发展，大量进行填海造地的事。特别是在城市，由于工业化的浪潮，沿岸渔业大部分都失去了渔场。渔业人口普查显示，高度经济成长期中的1963—1967年有258平方公里、1968—1972年有543平方公里的海面渔业权被放弃，与此同时，这两个时期全国增加的填埋面积分别为216平方公里和123平方公里。渔业从业人数在1963年为62.6万，在1973年减少到51.1万。

---

a 相当于中国的工会。

渔业从业人数至今仍在持续减少。1983 年为 44.7 万人，1993 年为 32.5 万人，2003 年为 23.8 万人，可以看出，这 20 年间从事渔业的人数约减少了一半。 根据《平成 27 年渔业白皮书》[14]，2013 年沿岸渔业从业人数为 18.1 万[15]，其中 8.9 万是 60 岁及以上的高龄渔民。此外，在单独经营海面捕捞业的个体经营者中，能够确保继承人的仅有 14%, 许多人没有继承者的原因有渔业容易受到天气和鱼价变动而导致收入不稳定、赚钱少、劳动环境艰苦或危险等。

那么，沿岸渔业的产量又如何呢？答案是产量也在持续减少。不过，从过去 50 年间的变化轨迹来看，沿岸渔业的产量与渔业从业人数的减少呈现出不同的时间变化。也就是说，从 20 世纪 60 年代到 80 年代后半期，一直在 200 万吨左右徘徊，并在 1985 年左右迎来了顶峰。但是进入 90 年代以后持续减少，东日本大地震后 2012 年的产量仅为 109 万吨。水产白皮书认为沿岸渔业的生产量低下的原因主要是渔场环境的恶化和资源状况的低迷等。

在沿岸渔业萎缩的同时，特别是东日本大地震以后，人们开始高度关注海洋能源这一新的沿岸海面利用的可能性。在长崎县五岛市和福岛县沿岸，海上风力发电的实证实验作为一项自然可再生能源事业正在如火如荼地进行。从渔民的角度而言，会担心安装发电设备造成潮汐流向变化或捕捞物种减产，担心铺设海底电力线会妨碍捕捞作业等等，也会对沿岸渔场被侵占抱有抵触心理。而另一方面，地方上则对新的海洋能源产业抱有期待，希望它能成为振兴过疏化、老龄化的渔村地区的灵丹妙药。如今，渔村也被卷入了时代的洪流中。

5 为了今后的海边

现在日本沿岸区域的环境，与高度经济成长期公害成为严重社会问题的时候相比，情况要好多了。至少，造成健康损害的污染是不经常发生的。

但是从过去到现在多次决策的结果是，我们失去了许多自然海岸，形成了用混凝土砌成的现在的海边面貌。虽然没有工厂排放有害废水，但我们自身的生活使沿岸海域出现了富营养化、有机污浊、贫氧化等问题，而且我们还考虑着把曾经是沿岸渔场的海域用于海洋能源开发和二氧化碳海底封存等其他目的。

这便是思考未来如何以可持续方式使用海边的出发点。继续像现在这样利用海边，会不会影响到下一代的利用？也就是说能不能做到所谓的可持续发展呢？还是做出点改变比较好呢？为此，应该由谁去做些什么呢？在这之后的章节里，我想继续对这些问题进行思考。

第二章
计量海边——千年生态系统评估和生态系统服务

1 谏早湾的自然恩惠

战后，以粮食增产为目的，计划了很多的围垦事业，其中之一就是“长崎大围垦构想”。当时的县知事提出，在良田稀少的长崎县，围垦有明海的一部分——谏早湾，将其变为6700公顷水稻田。这一构想遭到了在被称为“宝海”的谏早湾捕鱼的渔民们的强烈反对。另外，粮食增产政策不久就180度大转变，整个国家开始减缩耕地。但是，谏早湾围垦构想在此后仍以利水、排水、应对洪水和潮水等各种目的继续着，并在1968年12月被正式决定为“国营谏早湾围垦事业”。1997年4月4日，建在谏早湾和有明海交界处长达7公里的防潮堤的最后一段1.2公里的铁板像“断头台的闸刀”一样被一块接一块地放下合拢的情景，一定有许多人在电视上看到过吧。

防潮堤合拢两年后的1999年8月，NHK播出了一个名为《变化中的潮滩——谏早湾》的特别节目。这是一档30分钟的纪录片，讲述谏早湾近两年来的生态系统和环境发生了怎样的变化。弹涂鱼被留在日渐干涸的围垦地的水洼里，靠残留在土中的盐分勉强维持生命。过去一到迁徙时期，潮滩上无数的鹬、鸻类多得摩肩接踵，而现在虽然也有少量飞到围垦地，却由于没有作为食物的底栖生物，所以饿得即使有人接近，也没有逃跑的力气了。在失去潮滩的周围海域后，蛤仔、栉江珧等双壳贝无法正常生长。以前在沿岸活动的鸢鲼，现在大概是因为食物不足，会游到岸边把养殖的蛤仔吃掉。在防潮堤内侧建成的调节池中，因陆地排放废水造成富营养化、引起有机污染，退潮时一打开排水门，调节池内有机物浓度高的水就会流入有明海，造成鱼类纷纷逃走，渔网上粘满黏稠的污物……，这些都是防潮堤合拢两年后的谏早湾及其沿岸惨景的写照。

这就是谏早湾潮滩失去自然恩惠的结果。在本章中，将以“生态系统服务(ecosystem services)”为关键词，重新思考沿岸区域的自然恩惠。

2 千年生态系统评估

生态系统服务和千年生态系统评估

近年来，生态系统服务这个词经常被用于表示自然的恩惠。这个词的意思是，把自然恩惠所产生的生态系统的价值当作大自然的服务(service)，即财富来看待。这个词由生态学家在20世纪80年代提出，此后，随着人们保护生物多样性的热情不断高涨而被广泛使用[1]。

正如字面意思，生物多样性是指各种各样的生物均衡存在，分为“遗传多样性”“物种多样性”“生态系统多样性”三个层次。首先，“遗传基因的多样性”是指个体群之中或者不同地区个体群之间的遗传变异和多样性，接下来的“物种多样性”是指存在从微生物到各种各样的植物、动物物种，最后的“生态系统的多样性”是指在不同的气温、湿度、土壤、地形等条件下形成的环境中，存在着各种不同生态系统。具有这样的生物多样性的生态系统所提供的各种各样的服务，即价值，就是生态系统服务［这里把生物和它们存在的自然环境作为一体的“系统（system）”，称为生态系统］。

生态系统服务的重要性，可以说主要是通过“联合国千年生态系统评估”（The Millennium Ecosystem Assessment）被普及的。这是一个国际项目，由联合国秘书长科菲·安南（Kofi Annan）于2000年提出，并于2001年6月至2005年3月正式实施。该项目在20世纪最后一个千年（millennium）这值得纪念的一年中，把握地球上各种各样的生态系统的变化，评价该变化对人们和地区社会的幸福（welfare）带来的影响。同时，该项目也着力为在某一天再次进行地球上的生态系统评估提供一种基准（基础）。联合国千年生态系统评估项目以环境智囊团非政府组织世界资源研究所（WRI）为中心展开，得到《生物多样性公约》，联合国环境规划署（UNEP）和世界银行等国际机构以及来自全球95个国家的1360名专家参与，对地球上各种生态系统的现状和未来分别作出了评估和预测，并汇集成五卷技术报告和六本专题报告[2]。

参与《生物多样性公约》和《联合国防治荒漠化公约》等国际条约的决策者们在20世纪90年代中期认识到，当时的机制不能满足签署这些条约所需的科学评估的需要。另一方面，科学家们认为，从20世纪80年代到90年代在生态学和资源经济学方面取得了显著进步，然而由这些进步所获得的科学知识并没有在政策中得到充分应用，因此提出了进行大规模的国际生态系统评估的要求。因此可以说联合国千年生态系统评估项目得以实施的背景是政策制定者和科学家双方提出要求的结果[3]。

值得一提的是，这个项目不仅从自然科学的角度了解生态系统的状态，而且把生态系统给人类带来的自然利益看作是“生态系统服务”，即经济学上的资产，显示出一种要将其纳入人类货币价值观——以货币多少来衡量价值——的意图。

四种生态系统服务

联合国千年生态系统评估将生态系统服务分为四种服务，即：供给服务（provisioning services）、调节服务（regulating services）、文化服务（cultural services）、支持服务（supporting services）。

供给服务，顾名思义就是提供粮食、燃料、木材、纤维、药品、水等生活必需资源的服务。调节服务是缓和和调节剧烈的环境变化的服务。例如，沿岸区域的气候与内陆地区相比，冷暖差异较小、气候温和，湿地在发大水时能起到贮水的调节池的作用等等，这样使一些人从自然所具备的调节功能中获得的服务。所谓文化服务，就是人们通过观赏自然景观和生物、在自然中度过闲暇时光，获得满足感和心灵的慰藉而享受的服务。这三种生态系统服务是通过植物光合作用产生有机物和氧气、土壤形成、营养循环、水循环等支撑当地生态系统的支持服务来维持的。

接下来让我们看一下本章开头提到的围垦前的谏早湾的生态系统服务。

富饶的大海，具有为我们提供丰富的鱼贝类等食物的功能。微生物和底栖生物栖息的潮滩，有分解有机物、固定氮、磷等营养盐以净化海水的调节功能。每到迁徙时期，人们通过观察大量飞来的鹬、鸻类，享受谏早湾的文化服务。最重要的是，通过河流、大海、土壤的相互作用维持的潮滩本身就是生态系统支持服务的具体表现。

联合国千年生态系统评估指出，生物多样性及其所产生的四种生态系统服务对于人们获得幸福生活所必需的各种要素——安全（人身安全，获得资源的保障，免受灾害的安全保障等）、日常生活所需的基本资源材料（适当的生计条件，具有充足营养的食品，能保护生命安全的避难所，可获得的商品）、健康的生活（体力，良好的心情，清洁的空气和水）和良好的社会关系（社会一体感，相互尊重和扶助能力）——是必不可少的，有了它们，人们才能获得选择和行动的自由，过上富足的生活。

3 沿岸区域生态系统服务

人们聚集在沿岸地区

联合国千年生态系统评价的主要报告《生态系统和人类的幸福——现状和倾向》中，地球上的森林和海洋等各种生态系统各占一个章节。其中的第 19 章“沿岸区域系统”[4]的主要信息可以简单归纳如下。

> 人们集中居住在沿岸地区，依赖各种各样的生态系统服务。但是，由于不断增加的人口和来自开发的压力，沿岸区域的生态系统服务正在下降。而且，不仅有来自沿岸地区的直接压力，更大范围内的土地使用和水资源使用的压力也是造成沿岸生态系统服务恶化的原因。

作为海洋与陆地接口的沿岸区域，有河口湾（estuary）、红树林、潟湖、潮间带、海草场、岩礁、贝礁、藻场、珊瑚礁等各种各样的形态。河口湾是指河口区域和河川半咸水区域。从上层流下的较轻的河水和从下层逆流而上的较重的海水，由于潮汐等原因而混合在一起，形成了物理上、化学上、生物上的独特的环境。河口区域、河川半咸水区域的范围很广。河口发达、直接与大海相连的海湾也是河口湾，被称为河口湾。例如，美国东海岸最大的海湾——切萨皮克湾就是河口湾。

在《联合国千年生态系统评估》中，将沿岸地区分为上述九种形式，根据各模式的生物多样性和供给服务、调节服务、文化服务和支持服务这四个生态系统服务的规模，用不同大小的黑圈予以表示[5]。从这些黑圈的大小和数量可以看出，河口湾、红树林和珊瑚礁的生态系统服务非常庞大。

被这样的生态系统服务的丰富性所吸引，人类在沿岸区域建立村落发展城市。根据报告书[6]，世界人口的约 40% 住在沿岸区域 100 公里以内，人口 50 万以上的城市中一半在沿岸区域 50 公里以内。世界人口的 27%，或者说沿岸人口的 71% 分布在距河口湾（包括珊瑚礁、红树林、海草场的重叠部分）50 公里以内处。2000 年沿岸区域的人口密度为 99.6 人 / 平方公里，约是内陆地区人口密度 37.9 人 / 平方公里的 3 倍。

而且，受人类活动的影响，沿岸区域的生物栖息地不断消失。最大的原因是开发所造成的沿岸湿地［也包括湿原（marsh）、海草场、红树林、海滨（beaches）、潮滩（mudflats）］的改变。例如，在菲律宾，据说在 1918 年到 1988 年之间，相当于国内红树林面积 40% 的 21 万公顷红树林被改造成养殖池塘。1993 的红树林是 12.3 万公顷，这意味着 70%的林地在大约 70 年的时间内消失了[7]。

红树林的减少

这里我们暂时不谈千年生态系统评估，以红树林为例，来了解生态系统服务。

在沿岸开发速度惊人的亚洲地区，沿岸区域的资源环境恶化也令人担忧。沿岸区域的资源环境的问题，可以归纳为海源 · 陆源物质引起的水质污染、开发活动引起的自然海岸的破坏以及生物资源的非可持续性利用引起的生物量减少和生态系统不平衡这三种。但是，一个问题也不是单独发生的。例如，如果为了开发而改变海岸，当地的生态系统就会遭到破坏。同时，泥沙流入大海，引起污染。另外，作为沿岸开发的一环而建成的工厂等的排水也会引起水质污染。由于水质恶化，鱼类资源减少，最终导致滥捕。这样，在沿岸区域的资源和环境中，人为影响可能同时引发多个问题，而由这些影响引起的问题可能又会引起其他问题。

红树林海岸的开发就是典型的例子。

本来，东南亚和南亚，特别是印度尼西亚、印度、马来西亚、菲律宾、孟加拉国、泰国有很多红树林繁茂的海岸。红树林既是盐性湿地，又是森林。红树林中栖息着从贝类、螃蟹到哺乳动物的各种各样的生物，而且许多鱼类的幼鱼时代也在这里度过，因此被称为“海洋的摇篮”。不仅是菲律宾，全世界的红树林面积都在持续减少。2010 年世界红树林面积为 1562 万公顷，其中 629 万公顷在东南亚和南亚，但 2000 年到 2010 年的仅仅 10 年间就消失了 34 万公顷[8]。

红树林是当地人们共有的财富。红树林海岸附近的居民，把树枝和树干变成柴火和木炭等燃料，或者作为建房子的建材，把树叶用于葺屋顶和制作香烟，果实当作食物，以各种各样的形式对它们加以利用[9]。尤其重要的是，红树林可以作为防风林和固土林，保护居民的房屋、生命和财产不受热带风暴所造成的巨潮影响。例如，地理学家宫城丰彦先生和长期在亚洲和中东沿岸种植红树林的向后元彦先生（NGO 红树林造林行动计划的代表）在印度东部到孟加拉国的广阔恒河三角洲地带所进行的调查显示，热带风暴时的巨潮会造成严重人身伤亡的区域与红树林被破坏的感潮泛滥平原范围高度重合[10]。

另一方面，如果“海洋的摇篮”红树林消失，包括渔业对象物种在内的沿岸生态系统将受到巨大影响。例如，就菲律宾红树林的破坏对当地民众造成的影响进行调查，发现除了难以获得木材、建材，以及台风、海啸灾害增加，还有捕获鱼类的数量和种类减少这一回答[11]。在沿岸区域，谈到虾类养殖场带来的影响，居民们几乎都会控诉捕鱼量的减少。但是，我们很难找到比人们谈话更确切的、能够显示红树林破坏导致捕鱼量减少的数据，例如，遭到破坏前后鱼种和资源量的变化等。尽管红树林和渔获量之间似乎存在某种关系，但是如果没有长期数据，就很难在科学的基础上证明这种因果关系。

“打一枪换一个地方”（Hit-and-run）的虾养殖

红树林减少的背景中，虽然也有随着城市扩大而带来的宅地开发和度假村开发，但是养殖场，特别是虾养殖场的开发也是很大的原因[12]。

在中国台湾、菲律宾、印度尼西亚，多年来一直养殖着一种名为“虱目鱼”(Chanos chanos)、英文称为“Milk Fish”的大众鱼。虾类养殖始于印度尼西亚，据说最初是在将海水引入池塘中时无意混入了幼虾，而后其长大并被捕捞。后来人们开始有意识地捕捞幼虾并将其放到半咸水池中养殖，这种“粗放型水产养殖”在东南亚开始流行起来[13]。

这种“传统”的粗放养殖，池水因潮汐自然更替，虾饵由池塘里自生的水草和底栖生物等有机物承担，严重依赖自然能源和初级生产。沿着海岸和感潮河川建造数公顷到数百公顷的广阔养殖池，混养虱目鱼等草食性鱼和虾。如果周围水域中的幼虾数量增加，则打开水闸将其引入池塘并圈养起来；当虾长到可以出售到市场的大小时，就用网或竹制捕捞器捕捞起来。有时候，渔民也会捕捞野生幼虾，将其作为种苗出售给水产养殖池塘的主人。

这样的养殖方法虽然不需要太多的建设费用和运营费用，但是生产效率也很低。于是，为了增加产量，人们将其改良为投入饲料、肥料并用水泵对池水进行部分管理的“企业化”粗放养殖，还开发出进一步强化管理提高生产效率的“准集约化养殖”。为了控制池水，把养殖池建在高潮线以上并投喂饲料。种苗是将在海里采集或从母虾卵中人工孵化的幼虾，在初期培育池中高密度培育后，再以低密度培育到可以饲养的程度。集约化养殖则比半集约化进一步加强了管理，在水田式的小面积区域内进行虾的高密度饲养。对池塘进行 24 小时管理，为了防止疾病的发生并加快生长，施用除草剂、抗生素、营养剂等药品。另外，为了补充高密度养殖中虾的呼吸作用以及饲料和排泄物的分解所消耗的水中的氧气，在池子里设置多个曝气装置，不断向池子里输送氧气。

20 世纪 80 年代，随着这种虾养殖技术的确立，虾养殖迅速席卷了亚洲沿岸。当然，亚洲的养殖池并不全部都是费钱的集约型。也有一些不像集约型那样需要投入各种形式的能源，因此不费钱，但是需要大面积的粗放型养殖，还有介于粗放型和集约型之间的准集约型养殖。不管是哪种类型的养殖场，大多都是在海边，为了开发养殖场，红树林也不断被砍伐。

亚洲包括虾在内的甲壳类的养殖产量，在 1995 年大约是 88 万吨，到 2005 年增加到约 334 万吨，增加了近 3 倍[14]。无论是粗放型还是集约型，虾养殖以向美国、日本、欧盟等富裕国家的出口为目的。在养殖技术开发之初，养殖的虾多为对虾科黑虎虾（Panaeus monodon）。但是，在 20 世纪 90 年代以后，据说抗病能力强的东太平洋原生南美白对虾（Litopenaeus vannamei）增加了。现在，在超市水产食品柜台看到的冷冻虾几乎都是这两种。

20 世纪 90 年代，对于在发展中国家迅速扩大的虾养殖，环境保护团体和研究人员提出了强烈的批判。理由用一句话概括，就是因为不是可持续性的[15]。虾养殖占用海岸大量用水，排放污水，可能对沿岸环境和居民生活造成各种负面影响。为了建设养殖场，把当地人利用的海岸土地围起来。砍伐海岸的红树林。既有因抽取大量水而导致地下水枯竭和盐害的例子，也有未处理养殖池污水而向沿岸扩散污染的例子。而且，特别是集约型的虾养殖池，一般在开始运营后的五年之内，虾就会生病，从而无法继续生产。无法生产的养殖池塘会被废弃，养殖户在其他地方新建养殖池塘。这种对地区自然资源用完就扔的养殖生产过程被称为“打一枪换一个地方（hit-and-run）”。

另外，整个虾养殖产业是由拥有权力和财力的外地区人士和企业支配本地区资源的结构，这也成了被批评的对象。需要高额投资的集约型养殖，不是当地居民可以轻易参与的。外部资本进入当地，利用该地区的各种自然资源，形成向富裕国家出口而养殖生产单一品种的结构。这方面泰国是个例外，集约型虾养殖场多数由当地人经营，但尽管如此，其整个生产过程中从投放池塘的幼虾到饲料和药品的销售，甚至生产出来的虾的流通，也几乎都被农商综合企业所掌握。这样一种由当地居民承担生产带来的风险而外部企业获得利益的结构让人想起那场通过投入化学肥料和农药单一栽培高产品种的、改变了亚洲水稻生产方式的“绿色革命”。因此，有人将虾养殖称为“蓝色革命（Blue Revolution）”。

但是，不能一概而论地说，小面积高产量的集约型养殖与粗放型养殖相比对环境更不利。在泰国，红树林面积减少的速度随着集约型养殖的普及而变小，当然也有因粗放型养殖的盛行而导致红树林砍伐加剧的地区。关于哪种虾类养殖是可持续的，目前还没有定论，并且还有一些实证项目也在进行。

4 沿岸区域的忧虑

回到联合国千年生态评估的话题。

通过水与宽广的空间范围相连的沿岸区域的生态系统，也会从河流上游区域和大气中受到人为影响。联合国千年生态评估预测了沿岸区域生态系统的未来，对由人类介入水循环所引起的各种现象提出了担忧，例如，从河川流入沿岸海域的沙土量的减少、水质的恶化以及气候变动带来的影响等等。接下来概括介绍一下报告书[16]中的部分。

陆地水循环的改变引起的沙土减少

沿岸区域是从陆地流入的东西下沉堆积的场所，即“水槽”。在这里，营养盐和沉积物之间会发生活跃的生化反应。但是，由于中途建造了水坝之类的人工构造物，阻碍了从河川上游到沿岸海域的水流，使得流入沿岸海域的河川水和泥沙的量减少了。某项研究表明，从陆地运送到沿岸的泥沙有 25% 会被蓄积在水槽里。假设地球上的自然流出量为每年 180—200 亿吨，那么 40—50 亿吨的泥沙就会堆积在水槽里。随着河川提供的沙土量的减少，世界各地的海岸侵蚀正在加剧。为了应对沿岸区域的问题，需要对整个河川流域的人类活动与自然系统之间的关系做个系统性的展望[17]。

水质的恶化

如第一章所述，被称为“死区”的缺氧现象发生在世界各地沿岸水域的底层。施加于沿岸生态系统的污染物中有 77%来自地面。其中44%来自未经处理的废水和径流。如果污水处理厂等卫生设施的发展不能跟上人口增长的步伐，并且对农田排水不加管理，则富营养化的发生率将会增加。随着从陆地流入的营养盐数量的增加和海水温度的升高，沿岸水域趋向于发生富营养化→有机污染→贫氧化。据估计，在未来几十年中，缺氧水团所占的海洋比例必将增加。

而且，预计有害物质的浓度在不久的将来也一定会上升。工业化开始以来，生物活性物质（无论是毒药还是药物，都能对生物体起作用，引起某种生物反应的物质）、金属、环境激素、抗生素、杀虫剂等在河流中的排放量增加了好几倍。这些有害物质会使水质恶化，对生物也有影响。虽然尚未掌握有害物质对人体产生影响的整体情况，但与沿岸污染有关的疾病率和死亡率确实在增大[18]。

气候变化的影响

对沿岸未来生态系统产生最大影响的是气候变化。预计温室效应加快的速度在不久的将来将加快，由此带来的影响也将增大[19]。

人们担心世界海水变暖会带来以下影响：

- 比生物适应速度更快的潮位上升——潮位上升是海水和融化的冰川热膨胀相互作用引起的。预计冰的融化速度会加快。
- 对水温敏感的生物因温度压力而灭绝——易受环境变化的影响，而且耐受范围较小的珊瑚礁最容易受到伤害。
- 物理和生物过程的变化——河口湾的水温和盐度变化，会使对水温耐受范围特别小的生物无法生存。此外，由于全球变暖导致富营养化的沿岸水域藻类的生长加速，预计会导致鱼类死亡，缺氧水团（死区）也会扩大。
- 病原体传染的增加——气候变暖，提高了病原体的传染率，同时也加速了向人类和动物的各种形式的传染。

5 生态系统服务和经济

综合性沿岸区域管理

这样看来，沿岸区域的生态系统服务在世界范围内显著下降，其前景令人感到悲观。有没有阻止这种现象的方法呢？

先说答案的话，千年生态系统评价建议引入“综合性沿岸区域管理”。

“综合性沿岸区域管理”是指在一个大的框架内对人们在与水相连的沿岸区域这一空间内的各种活动进行调节的管理方法。联合国机构的专家对“综合性沿岸区域管理”作出的定义是，以“在维持生物多样性和沿岸生态系统的生产力的同时，改善依赖沿岸资源的人类共同体的生活质量”为整体目标，“将政府与共同体、科学与管理、集团利益与公共利益相结合，为开发和保护沿岸区域生态系统和资源共同制定并实施综合计划的过程”[20]。

“综合性沿岸区域管理”的概念始于20世纪60年代美国的海岸管理，之后，作为对象的空间范围从海岸扩大到更广泛的陆海区域，目的从城市规划扩展到流域规模的生态系统保全，并不断发展。在1992年联合国环境与发展会议（地球峰会）上通过的《21世纪行动计划》中，“综合性沿岸区域管理”被明确规定为沿岸国家的义务。从那时起，它一直是一项国际要求，并在2002年世界可持续发展峰会（约翰内斯堡峰会）[21]和2012年联合国可持续发展会议（里约+20）[22]上得到了反复确认。在2015年通过的“可持续发展目标（SDGs）”中，“综合性沿岸区域管理”的存在感也在增加。SDGs被设定为取代2000年千年发展的未来目标。“目标14”中写道：“为了可持续的开发，要保护和可持续利用海洋和海洋资源。”2016年1月，联合国开发计划署（UNDP）发表的实施计划[23]表示，将推进以小区域规模的“综合性沿岸区域管理”计划来维持水圈生态服务的这种自下而上的方法。

估量生态服务的价值

但是，并不是说只要引进“综合性沿岸区域管理”，就一定能控制生态系统服务的恶化。一个大问题是社会中各种人和集团在分享越来越贫乏的资源或生态系统服务时的“折衷”（trade off）。“折衷”是一个经济术语，是指为了将一个目标值设置为有利状态而不得不将另一目标值设置为不利状态的关系。例如，某市立动物园成了很多市民的休闲场所。但有一次，市政府为了确保该动物园的财源，决定征收入园费。结果，城市的收入虽然增加了，但是入场人数一下子就减少了。增加城市收入的目标和为市民提供休息场所的目标很难同时兼顾。此时，可以说这两个是折衷的关系。着眼于上述红树林海岸与虾养殖之间的关系，继续享受红树林提供的各种生态系统服务，和建立虾养殖场并出口获利，便是一种折衷关系。

对于生态系统服务的折衷问题，千年生态系统评估建议对自然生态系统的经济价值进行评估。很多人指出，在环境问题的背后存在着“自然环境是免费的”这样一种认识。虾养殖问题产生的前提是，即使砍伐红树林，排放虾养殖废水污染沿岸海域，也不会产生任何费用。因此，千年生态系统评估提出，应以货币金额来评估因修建和运营养殖池塘而损失的生态系统服务，认真考虑其折衷关系，并将这种损失纳入虾类养殖业务的成本中。

当然，自然资源和环境的生态系统服务既没有价格标签，也没有市场。因此，必须设法计算其经济价值。近年来备受关注的是“生态系统和生物多样性经济学”（The Economics of Ecosystems and Biodiversity），简称为 TEEB[24]。2007 年在德国波茨坦召开的 G8+5 环境部长会议上，欧盟委员会和德国提出了 TEEB 项目。到 2010 年 10 月在爱知县名古屋市召开的生物多样性公约第 10 次缔约方会议（COP10）为止，汇编了好几本报告书，虽然是暂定版，但也有日文翻译[25]。

特别是在 20 世纪 80 至 90 年代，环境和生态系统价值的估测方法得到了广泛的讨论和设计。例如，有种方法是对于某一生态系统服务的价值，使用某种具有相同功能的、即可以替代它的东西所具有的市场价格来衡量。就谏早湾的生态系统服务而言，可根据围垦前后渔获金额的变化来计算因鱼贝类渔获量的减少而失去的供给服务价值。或者以具有同等净化功能的污水处理设施的建设费和维护费来评估因围垦而丧失的潮滩净化功能的价值。另外，还有一种方法叫作旅行费用法（Travel Cost Method: TCM），根据旅行所需的费用和时间来计算前往环境较好的地方度过闲暇时间的价值——这相当于该地方所拥有的文化服务。这是 1949 年，美国经济学家 H. 霍特林博士应当时美国内政部国立公园局的要求，为以美元计算国立公园产生的利益而设计的方法[26]。

但是，渔业、净化、休闲等特定功能所具有的价值，仅仅是自然环境和生态系统所提供的生态系统服务的一小部分。另一方面，潮滩上有从微生物到藻类、底栖生物、鱼类、鸟类等各种各样的生物，还有鹬、鸻类飞来，具有作为整体生态系统的价值。没有市场价的生态系统的价值——例如，丰富的生物多样性的存在——想要完全衡量的时候，该怎么办呢?

在这种情况下，可以使用“意愿调查法[a]（Contingent Valuation Method, CVM）”。这是一种通过问卷调查人们愿意为改善环境和生态系统支付多少金额，或是希望对其恶化收取多少补偿金额的方法。问卷中的提问经过了反复设计和推敲，但最基本的方法是询问人们愿意为保护（或恢复自然、净化污染等）〇〇〇（举出具体的自然环境或生态系统等）支付多少金额，根据得到的回答中“是”和“否”的比例计算出人们的支付意向金额，并据此推算出该自然环境和生态系统的经济价值。进而，在 20 世纪 90 年代，开始使用市场营销领域常用的一种被称为“联合分析”的方法，该方法会提供多个选项并询问偏好程度[27]。

这种衡量环境和生态系统价值的方法以美国为中心在环境经济学中发展起来。其背景之一是 1980 年发布的综合环境反应赔偿和责任法（CERCLA），即所谓的超级基金法案。这是以 1978 年发生的有害化学

a　又称“意愿调查价值评估法”。

物质引起土壤污染的“拉夫运河（The Love Canal）事件”为契机制定的两部法律的通称。该法案规定，污染自然资源者有义务承担净化费用和损失额，并允许政府要求赔偿损失。美国内政部允许使用 CVM 作为评估自然资源破坏所导致的经济损失的方法[28]。

20 世纪 80 年代，人们对地球环境恶化的危机感日益高涨，对国际合作进行的发展中国家大规模开发事业所造成的环境破坏、侵害居民人权等问题提出了批判，这些都使得评估环境和生态系统经济价值的想法在世界范围内广泛传播。

为生态系统服务买单

近年来，环境的经济价值以 TEEB 的形式再次在国际性环境政策的舞台上受到瞩目，我想是因为 TEEB 不仅涉及生态系统的经济价值评估，还涉及了生态系统服务受益者的行为规范吧。TEEB 通过对生态系统服务的价值认识→价值可视化（经济评价）→价值捕获这三个阶段，实现生物多样性的保全和可持续利用，并在此基础上提倡导入“对生态系统服务的支付（Payment for Ecosystem: PES）”制度，即享受生态系统服务的受益者向维持管理生态系统服务的人们，例如进行环境保护性生产的农林水产业者等支付适当的等价报酬。日本环境省关于生物多样性的网站[29]上列举了几个 PES 的事例。推进 PES 的具体制度，可以举出自治体的税金、补助金、金融机构的利息优惠等。税金方面，例如神奈川县 2007 年为了确保财源来维持稳定优质的水资源，导入了“保护、再生水源环境的个人县民税超额征税”。据说每一个纳税者的平均负担额约为每年 890 日元（2014 年 5 月）[30]。

从环境和生态系统的经济价值评估以及 PES 的进展来看，这些似乎是防止生态系统服务质量下降的有效手段。 但是事情并没有那么简单。 如果打算在某地区的自然环境或生态系统中将 PES 制度化，则在评估其经济价值之前，必须了解该生态系统服务的内涵。如果仅靠联合国千年生态系统评估所做的那种文献调查无法获得足够信息时，则需要进一步的环境和生态系统调查，接下来才能开始 PES。

在此基础上，即使用上面的方法来测量了自然环境和生态系统的经济价值，人们能不能接受也是一个问题。据说价值的推定根据回答者的收入等属性以及征收方法而变化。例如，环境省自然环境局通过意愿调查法对从 2014 年到 2020 年的 7 年间使日本全国的潮滩恢复 140 公顷的事，进行了一个家庭支付意愿额的调查，结果中间值为 2916 日元，平均值为 4431 日元[31]。这真的是国民的“真正支付意愿额”吗？说起来，为了保护无主的环境和自然生态系统，到底有多少人能爽快接受付费呢？ PES 的制度化更是在这之后的事情了。

但是，也不能因为需要花费时间和金钱就什么都不做。首先，我们要重新认识到，生态系统服务不是免费的，而且，一旦失去，就不是用钱就能买到的。生态系统服务是上天赐予的“恩惠”。

第三章
与海边协作——管理与对话

1 生态系统服务的维持

横滨是一个广为人知的国际港湾城市。它的沿岸从战前开始就是京滨工业地带的一部分，战后又大刀阔斧地开展城市开发，直至近年推出的“横滨港未来21”这一大规模临海地带再开发，横滨的城市发展一直十分迅速。但是如果听说这样的横滨的海上现在还有渔业产业的话，您会不会感到意外？

横滨市南端的金泽区柴地区作为江户前寿司中使用的虾蛄和康吉鳗的产地而闻名。在八景岛海滨乐园对面的柴渔港，可以看到大约50艘被拴在岸边的小渔船。这就是大都市中的小渔村。

在柴地区，直至十多年前，通过小型机船底拖网捕捞虾蛄的产业十分兴盛。为了捕捞虾蛄，早上一大早就发船，拉网从羽田沿岸到横须贺沿岸，傍晚回港。捕回的虾蛄马上就被各个渔户用锅煮熟，剥好之后整齐地摆放进塑料盘里，然后发货。虾蛄盘子第二天就被放进寿司店的玻璃橱里，作为江户前寿司出售。但令人遗憾的是，最近十多年虾蛄的捕捞量持续低迷，作为补偿也捕捞一些鲐鱼和带鱼、海参等鱼种。

水产相关从业者都知道柴地区进行的资源管理型渔业。如果鱼的捕获量过大，价格就会大跌，造成丰收却收入降低的情况。1977 年，柴地区为了稳定虾蛄的市场价格，规定虾蛄的出货量，开始限制流向市场的虾蛄数量。1978 年，为了应对以伊朗革命为开端的第二次石油危机引起的燃油价格飞涨，导入了捕鱼两天休息一天的自主行业限制。这种“做二休一”的做法虽然是针对燃油不足提出的苦肉之计，但是捕鱼量的“入口限制”和出货量的“出口限制”这两方面的渔业管理手法的结合使用，使虾蛄的捕获量和价格都得到了有效控制，柴地区的虾蛄捕捞也成了资源管理型渔业的著名事例在全国成为典范。小山纪雄先生（横滨市渔业合作社会长）长期指导了柴地区的资源管理型渔业的发展。

不论是海还是山，为了持久利用自然界的生态系统服务，都需要调整和限制利用的方式。自然界的植物和动物被称作“自律更新资源”，就算人类不加干涉也会自然再生。但是，如果我们依赖于此没有限制地去利用的话，自然的更新就会跟不上，那种植物或动物的数量就会减少。过度利用如果超过一定限度，甚至那个物种都会灭绝。接下来那种植物或动物所存在的生态系统整体的平衡就会被破坏。因此，在利用自然资源和环境时，我们要尽可能不去改变环境，尽可能不去减少生物，也就是说，尽可能不去破坏现有的生态系统服务。也正因为这样，我们需要制定资源利用的规则，并遵守它们。这是自然资源利用管理的基本。

2 沿岸区域的共有地

那么，沿岸的资源和环境的管理是由谁管理、怎样管理的呢？

为了考虑这个问题，我们先导入一下“共有地（commons）”这个概念。共有地一般是指，没有被私有化，而是作为区域社会共同基础而存在的自然资源和自然环境。这在日本一般被称为“入会地”（共同使用地）或“总有地”（共有地）。这里，我们依据人们生活圈的地域，按地理空间从小到大，把共有地分为当地共有地、公共共有地，还有全球共有地三个种类。

由地区共同保护的当地共有地

当地共有地指的便是如上所述由某个地区的人们共同利用并管理的资源和空间。多边田政弘氏通过调查农山渔村（农村、山村和渔村）研究考察环保经济的实施方法，他把当地共有地定义为：“不作为商品被私有化或私有化管理，同时，也不作为国家或者都道府县政府等广域行政管理的对象，而是由某一地区的居民“共同”管理（或自治）的地域空间及其使用关系（社会关系）。”[1]

比如说，岩滩和海滨沙滩，还有它们前面的潮滩和浅海，都原本是在海边生活的人们采捕海藻和贝类的地方，也就是当地共有地。当然，海里的生物是天然生活在大海中的“无主物”，但是，最迟在江户时代，“一村专用渔场的惯例”即由当地人独占使用该地海洋资源的惯例便已形成。今日，如果有人在这片海滩进行蛤蜊的采捕，那么其中大部分都沿袭惯例，按照渔业法（1949年）中设定的渔业权属于当地渔民，也就是地域的渔业协同会员所有。

生物生长总是有大小年，蛤蜊有的年份会大量涌现，有时又不易捕到。资源量变动的原因虽然不好推测，但是如果我们想要每年都捕到一定量以上的蛤蜊，谁都能想到下面这些问题吧。首先，不能过度捕捞蛤蜊；其次，为了蛤蜊的增产调节海洋环境。如果过度捕捞蛤蜊，那可能会影响它们的产卵数量。而且就算产卵量充足，并且卵能孵化为浮游幼体，但是如果不能顺利在当地的海底着底并长大，也会导致资源不足而捕捞不到。

但是，这些问题如果只是一个渔民注意到是没有用的。因此，当地捕捞蛤蜊的渔民坐在一起商议，制定捕捞规则。比如说，一年的12个月之中从几月到几月，每天从几点到几点可以捕捞，还有用什么渔具捕捞，可以捕捞的蛤蜊大小，一天最多可以捕捞多少公斤，这些关于捕捞蛤蜊的规则由大家制定。并且，如负责资源管理的渔业协同组合的参事所说，渔民们一定要遵守自己制定的规则。此外还要像耕田一样耕耘潮滩，为了让蛤蜊的浮游幼体可以顺利着底而在海底插入竹筒等等，为了资源的增加改善环境。

这种由某个地域的人们来管理资源的做法被称为“地域共同体管理（community-based management）”。世界上不论哪里，有效的沿岸资源管理的基础都是，当地的人们自主制定并遵守规则的管理体制。日本各沿岸地域的渔业协同协会及其内部组织所进行的自主型管理体制下的渔业资源管理，就是“地域共同体管理”的好例子。

公共共有地海岸

不仅被特定区域的居民、而且被更大范围的社会所共有的资源称为公共共有地。沿岸区域除了河川、沿岸海域、港湾等“公用水域”之外，还包括海岸和港湾的码头等。但是，虽然说这些资源和环境是属于大家的，但是其利用和管理的方针原则却不是由大家决定的。而是恰恰相反，管理由国家和地方政府承担，市民在利用时要受到行政机关的管理。

日本没有像《美国的沿岸区域管理法》（Coastal Zone Management Act of 1972）[2]这样规定沿岸区域管理基本方针的法律。关于沿岸陆地的法律有《河川法》（1964年）和《防止水质污染法》（1970年），关于沿岸海域的法律有《公有水面填埋法》（1921 年）、《渔业法》（1949 年）、《水产资源保护法》（1951 年）等，关于陆域和海域两方面的有《渔港法》（1950 年）、《港湾法》（1950 年）、《海岸法》（1956 年）、《自然公园法》（1957 年）、《自然环境保全法》（1972 年）等法律，但是每个法律都是出于不同目的且只适用于规定的范围，管辖机构也有所不同。

沿岸区域的河川、港湾、海岸等，大多由国土交通省作为主要负责部门直接管辖，或者由都道府县的建设和土木部门管理。但是，各都道府县的知事也有作为项目批准者的管理权限。比如说，与海岸的改变有最大关系的《公有水面填埋法》（第 2 条）规定，填埋需要获得都道府县知事的许可。围海造地也是同样的规定："公有水面的围垦在本法规适用方面视为填埋"（第 1 条）。在决定都道府县的海岸状态方面，知事被赋予了很大的权力。

但是，《公有水面填埋法》在填埋的许可方面，也为权利人提供了保护（第 4 条）。这里所说的"权利人"是指根据法令获得公有水面独占权的人、渔业权者或者捕鱼权者、根据法令的许可或者按照惯例引水或排水的人（第 5 条）。

实际上，沿岸渔业是沿岸填海造地的一大障碍。填海造地原则上要经过渔业协同组合（渔业合作社）的同意。作为其成员的渔业者，通过在总会上发表意见并投票表决，来参与其决策。但是，一个渔业合作社里面也有几十人到几百人的会员。填海造地，不仅关系到渔民的人生，也关系到家人的人生和地区的未来。由各自的情况、前景和想法构成的各种各样的意见，要统一为整个渔业合作社的意思，并不是一件容易的事。

例如，我曾听横滨市金泽区的一位渔民说过这样的话：在战后开发速度惊人的横滨市，沿岸渔业受到最大影响的，是 1968 年正式决定的"横滨市金泽海边填埋事业计划"。但是在这个时期，海苔养殖的技术革新取得了很大的成果，创造了可观的产值。在此情况下，横滨市强烈要求渔民放弃渔业权。很多渔民都有强烈的危机感，担心离开大海是否能生活，是否能养育孩子，因此渔业合作社内部意见激烈对立。据说这个时候，负责与横滨市交涉的合作社会长，被反对派中伤为“卖海”，还在走夜路时差点被人从背后袭击。

面对这样一个像东京湾曾进行过的那样的大规模沿岸开发，渔业者被迫做出重大决定。填海造陆事业计划被提出时，大多数渔民都会反对。但是，就在他们提出反对意见的同时，开发工程就像缩小包围圈一样在不断推进。随着周边地区工业化的推进，渔场环境不断恶化，此时推进开发的行政机构还会明里暗里地放出一些可能要强制征地之类的消息，使渔民们感受到巨大压力。几乎所有的渔业者和渔业合作社都不得不逐渐接受填海造地，渔业者的反对运动最终演变为包括因放弃渔业权而产生的补偿金在内的条件谈判。

另一方面，在海边，不论是附近居民还是不住在附近的市民，都有人希望能在海边散步、采双壳贝、游泳、钓鱼，想要保护栖息着贝类、螃蟹、鱼等各种各样的生物、到了迁徙的季节还会有鹬、鸻等鸟类飞来的潮滩。20 世纪 70 年代，为了保证普通人享受海边生态服务的权利，兴起了模仿入会权(共同使用权）命名的“入滨权”这一市民运动[3]。但是，这些人在公有水面填埋法中不被认为是权利人。在希望开发沿岸的行政机构、企业和渔业合作社进行填埋和围垦的谈判的时候，想保护自然海岸的人们无论怎么反对开发事业，却首先连参加关于决策的协商的机会都没有。

那么，市民是不是公用水面这一公共权利的权利人呢？关于公共资源，有一种“公共信托理论”的观点，认为国家和地方自治团体是受国民委托对其进行管理。如果这样，沿岸这一公共资源即公共权利的权利人就是公众，政府只不过是受其委托进行管理。从这一点看，在如何利用和保护沿岸的决策上，受到开发事业直接影响的居民自不必说，构成公众的市民也没有机会参与其中，这难道不是不合理的吗？

实际上，《公有水面填埋法》并不是完全无视居民和市民。它规定了都道府县知事需通过议会投票听取地方市町村长意见这一程序，并把充分考虑环境保护和防灾作为发放许可的必要条件。但是，对于如何对待居民和市民的意见，还没有规定。人们参与管理海边的途径还是一个尚未得到充分探讨的课题。

重叠的共用地

顺便要说的是，地方共用地当然不是独立于公共共用地而存在的。人们在利用地方公用地时应该遵循地方规则，这当然是“追加限制”。例如，即便近旁的海是渔村居民的地方用地，而且规定他们拥有共同渔业权，也仍然适用《水质污浊防止法》和《水产资源保护法》等法律。在此基础上，在资源利用方面还要遵守地方规章。

另外，公共共用地（public commons）的沿岸海域连接着地球上广阔的外海和海洋。像海洋和大气这样以地球规模存在的环境，以及像南极和宇宙这样不属于任何国家的人类共有资源被称为全球共有资源。

那么，海洋中的生物到底属于哪一种共有资源呢？如果是在潮滩或岩矶定居的生物，自然会将其视为本地共有。那么，在广阔的大海中游动，不能停留在一个海域的鱼类和哺乳类动物又是怎样的呢？

人类学家秋道智弥以大洋中在低纬度和高纬度之间季节性洄游的大型鲸鱼、在北太平洋洄游移动的鲑鱼、鳟鱼、乘着黑潮移动的鲣鱼、金枪鱼为例，主张一个国家和地区共同体独占利用这些生物的权利虽然在事实上是不可能的，但是对于这些生物能否像大气和海水一样作为全球共有资源来处理，还需持保留意见。原因是，如果将具有广域洄游性和移动性的生物认为是全球共有，并承认其捕获权在所有人，或者相反地为了保护它们而采取全面禁捕措施的话，其利用一定会发生问题[4]。

现实中，这些生物虽然在原住民的利用上有例外，但基本上是作为全球共有资源来对待的。例如，关于鲸鱼，有基于《国际捕鲸取缔条约》（1946年缔结）设立的“国际捕鲸委员会（International Whaling Commission：IWC）”（1948年设立）；关于金枪鱼，有基于《关于海洋法的国际联合公约》（简称《联合国海洋法公约》）第64条“高度洄游鱼类”的规定而制定的《西部及中部太平洋高度洄游鱼类资源的保护及管理条约》（简称《中西部太平洋水域金枪鱼类条约》）等国际条约和“中西部太平洋金枪鱼类委员会”等区域渔业管理机构，可见这些洄游生物都是被置于国际资源管理的框架之下的。而且，众所周知，例如捕鲸等，在海洋非定居生物的利用和保护方面也时常发生国际冲突。

3 资源环境管理所需的对话

无论是哪种公共资源，理想的资源环境管理都需要与资源和环境相关的人们相互合作，充分利用最好的知识制定利用和保全的管理计划、并通过实施计划来预防问题，或者谋求解决。为了使这个过程合理且顺畅，我认为需要两个对话。一个是自然和人的对话，另一个是人们之间的对话。

自然与人的对话——为了合理的管理

为了合理，必须很好地把握海洋和生物的状况。如果这是人与人之间的话，可以商量一下，有时也可以喝点酒，增进互相了解。但是，大自然却不会跟我们说话。因此，人们必须设法接受并解读大海和海洋生物发出的信号。这称为自然与人的对话。

接受海洋和海洋生物信号的，是以海洋为工作场所，每天接触海洋生物的人们，典型的就是渔民和研究人员。不过，其接触方式和接收到的信号的种类各不相同。

研究人员通过观测和实验获得数据。对于研究者来说，海洋和海洋生物是探索“为什么”的探究对象。首先设定要研究的问题和假设，接下来，对水温、盐分、营养盐、溶存氧浓度、浮游生物、鱼类等进行观测和实验，得到数据进行分析，验证假设，然后再提出新的问题和假设。就这样不断进行下去，在现有的知识上积累起新的知识。通过这种积累得到的是关于海洋资源和环境的“科学知识”。因此，即使“科学知识”是最新的，也不能说是真正完备的。“科学知识”总是在向着真理前进。

另一方面，对于渔民而言，海洋是谋生的地方，海洋生物是生计的中心。 他们感兴趣的是“如何”增加和捕捞渔业资源并在亲身体验海洋、鱼类与人之间动态关联的捕鱼过程中亲身感知三者的关系。这是渔民的经验性知识、即“渔业知识”的一部分。

举个例子吧。

作家盐野米松在他的著作《耳闻实录 日本的渔民》[5]中，身临其境地记录了各地渔民的故事，书中登场的渔民们一个个的叙说中反映着战后日本社会和海洋的变化。而我们这里关注的，是他们通过长年的捕鱼而掌握的，倾听海洋发出的语言的技巧，即“渔业知识”。

例如，岩手县的秋刀鱼渔民这样说：

> 要想找到秋刀鱼，必须先找到鱼道。也就是鱼游过的地方。捕鱼最重要的就是了解鱼道，而它是由水温、水速、潮流、风力、鸟的运动等等一起决定的。为了掌握这些东西，我花了七到十年的时间。
>
> 盐野米松《耳闻实录 日本的渔民》，新潮社

另一方面，青森县大间的金枪鱼渔民这样说道：

> 有没有金枪鱼，看看海的地形，海的状态，大概就能知道了。不用看鱼探（鱼群探知器）之类的东西也大致明白。看一看大海的颜色这些大致就明白了。
>
> 盐野米松《耳闻实录 日本的渔民》，新潮社

“渔业知识”不仅仅是关于海洋资源、环境和捕鱼的知识，还有与社会有关的“渔业知识”。例如，渔业如果不通过销售捕捞的鱼来获得利润，就不能作为生计，而渔业经营则受渔船燃料费等经费和销售额的影响。虽然根据情况和个人会有差异，但是经营渔业也需要与经济和经营相关的智慧和知识。另外，渔村还有关于地域的知识——古往今来的大海的情况、有关共同体中发生的事件的记忆和传承下来的文化等。这些与社会相关的“渔业知识”有时是从体验中获得的个人知识，有时是作为渔村共同体的经验共享的知识。

为了合理地进行自然资源和环境的管理，必须熟知生物、生态系统和环境。如果想管理某一生物资源而对其生态、生活史、资源量不了解的话，就无法知道到底以什么为目标做什么才好。因此，科学家们致力于观测海洋并收集生物，分析数据，力图找出海洋和生物状况的一般规律。但是，发展中的“科学知识”并不完备。通过不断重复对沿岸环境和资源的假设与验证，知识的基础也不断被巩固。

另一方面，渔民通过经验活动的海洋、鱼类知识，不是像“科学知识”一样适用于任何时代任何海域的普遍性知识，而是通过体验得到的、针对特定的渔场和海域的特殊化的知识。与“科学知识”不同，可能无法用“为什么”的道理来解释，也可能不符合逻辑。但是，在海上的捕鱼过程中，通过身体感觉获得的知识中，往往包含着值得尊敬的见解和宝贵的真理。

近年来，这种“科学知识”和“渔业知识”相结合的重要性越来越受到重视。例如，一篇评论利益相关者参与环境管理的论文[6]指出了科学知识和经验知识相结合的意义，即，科学性知识和经验性知识的结合，可以更为全面地把握复杂而动态的社会和自然生态系统的过程，也可以用于评估技术和区域解决方案对环境问题的妥当性。

但是，实际上将“科学知识”和“渔业知识”统一起来是非常困难的。评论论文也指出，首先，大多数研究人员不相信“渔业知识”。曾听东京水产大学毕业的某教授说：“上研究生后，老师首先对我们说的就是‘不要相信渔民的话’。”就连最接近渔业的水产学也不尊重基于渔业者经验的知识。

通过对话创造知识——为了合理的合作管理

立场和背景都各不相同的人——包括渔业者和科学家在内——在涉及资源和环境管理的情况下，对资源管理要达成的目标和实现资源管理的方法的看法也会不同。例如，几年前，一个作为资源管理型渔业的典范而闻名的渔业合作社，因试图从河川中驱除与其主要渔获对象吃同样食物的鱼，而受到了追求生物多样性的人们的批判。虽然同为“管理”，但为持续捕获某个特定的鱼种而进行的渔业者的资源管理和为了保护生物多样性而进行的管理是不一样的。

说到底，人对资源和环境的了解和思考，未必都是一样的。即使是在同一海域捕鱼的渔民，也都是各自的体验中获得各自的“渔业知识”，如果体验不同，得到的知识也会不同。同样，即使是以普遍的科学知识为基础的研究者们，在分析关于同一生物、水质和流速的数据时，也可能根据自己的知识和想法得出不同的结论。

因此，如果要实现合理的、协作性的自然资源和环境的利用管理，我希望相关部门能给大家提供一个相互倾听、相互交流——对话——的平台，让大家相互交流各种“科学知识”和“渔业知识”。对话与资源环境管理的第二个条件“协作性”，即“合力工作”有着密切的关系。

强调对话重要性的物理学家、思想家戴维·玻姆（David Joseph Bohm）在其著作《论对话》[7]中这样写道：

> 在对话中，如果一个人说了什么，对方通常不会做出与第一个人期待的相同的反应。或者说，说话人和听者双方的意思只是相似，而不是相同。因此，被搭话的人回答的时候，最初的说话人，会注意到自己想说的和对方理解的有差距。如果对这一差异加以思考，最初的说话者也许能够发现与自己的意见和对方的意见都相关的新的东西。这样一来，对话就会不断地产生出双方共同的新内容。因此，在对话中，双方都不是在分享自己已经知道的想法和信息，而可以说是两个人合作创作，也就是说，共同创造新的事物。
>
> 玻姆《论对话——从对立到共生，从争论到对话》，英治出版

这样说来，所谓对话，就是互相倾听对方的声音，把意见摆在眼前，并共享其意义。并不是说要说服对方，或者自己必须要妥协，更不是说要驳倒对方。重要的是这样一种姿态——每个人都稍稍把自己的意见拿开一些，把它和其他人的意见并列，然后大家一起讨论，重新创造新的创意和想法。

4 从对话到参与管理

与资源和环境的利用管理相关的对话，也关系到参与管理背后的政策制定。这是因为，即使是地区资源环境这一地方公共资源的问题，

如果要解决的话，不管是否愿意都需要牵扯到更大范围的环境和更多的相关人员。

如本章开头所介绍的那样，横滨市柴地区的虾蛄渔业，尽管进行了细致的资源管理，但最近十多年来一直处于低产状态。各种各样的调查研究的结果表明，东京湾的底层在夏天发生的贫氧化被疑是最大的原因。如果是这样的话，虾蛄渔业的复兴就需要消除贫氧的原因——富营养化和有机污染。作为其方案，可以考虑将污水中的营养盐在处理场中除去后再排放，或者营造和重建具有足够净化能力的滩涂和藻场。但是，这样一来，便已经不是一个地区的问题了，而是变成了如何管理东京湾环境这一广域公共区域，为此需要采取怎样的政策这样一个问题。

近年来，对话变得越来越受到重视。近十来年，有了很多像本书第六章介绍的小鱼咖啡馆那样的场所，让人们可以从专家那里轻松地听到难懂的科学技术相关话题。东日本大地震以后，关于核能发电、电力和再生能源的讨论尤其活跃。

“大家一边讨论一边思考”这一态度的基础是被称为讨论民主主义（deliberative democracy）的新型民主主义思考方式。现代社会采用的是代议制民主主义。我们市民通过选举议员让他们进入议会而间接参与政治。但是在这个制度下，容易因少数服从多数而产生派系。派系政治还会侵害民主主义的根本——个人的权利和自由。于是，市民们不仅选举议员，还出现了自己也讨论政治的动向。也就是说，要在参与政治的途径方面开辟代议制民主主义和讨论制民主主义的两条道路，以防止派系政治的弊端。

在关于政策方向性的讨论中，有很多种做法，也有一些尝试。例如，从2006年11月到2007年2月，北海道举办了“关于转基因作物栽培的道民（北海道居民）想法的‘共识会议’”。此外，2011年3月福岛第一核电站事故后，当时的民主党政府在2012年8月就将来能源选择的方向性进行了讨论型舆论调查。

政治学家筱原一[8]在其著作《市民的政治学——讨论民主主义是什么》中指出，在讨论中，每个人都可以自由发言自由获得信息，然后以可能达成一致为前提进行协商，在自己的意见中加入对方的意见来使之完善，最后双方达成一致意见，这是讨论的伦理。另外，作为支撑讨论民主主义的原则，他提出了以下三点：首先，不仅要提供能够充分进行讨论的正确的信息，而且还要公平地提供站在不同立场的人的意见和信息；其次，为了有效地进行讨论，必须是小规模的小组，如果可能，小组的构成人员也不要固定，最好是流动性的；最后，最好能通过讨论而改变自己的意见，不能只为了确定多数而进行讨论。

人们通过讨论来思考政策的做法要想渗透到日本的政治和社会中，可能还需要一段时间。尽管如此，这种思维方式为我们提供了合理化、协作式管理沿岸资源和环境的一些启示。

第四章
探访海边——地区的合作伙伴

1“为什么没有人来？”

本书第三章中提到，在进行海边资源环境管理的过程中，对话是不可缺少的。但是，如果既不是渔民，也不是因工作关系参与沿岸区域管理的人，就没有多少机会参与海洋的利用和管理了。无论如何，我们首先需要营造能让海边地区的人们聚在一起交谈的场所。那么，应该如何着手呢？

作为思考这个问题的素材，请阅读下面的文章。

> 2007 年 11 月 16 日星期五的中午，我刚上完课回到研究室，电话就响了。电话是江户前 ESD 协议会秘书处的同事 K 打来的。
>
> “后天我们要和港区一所小学的 PTA 一起举办研讨会，但是刚才 PTA 会长打来电话，说没有人想参加……”

江户前ESD协议会是指东京海洋大学（海洋大学）的教职员工志愿者与当地居民一起进行的“江户前的海洋——学习圈的创建”。ESD指可持续发展的教育，而江户前ESD协议会是指以学生和当地居民为对象培养江户前ESD领导者的项目，目的是思考对东京湾的可持续利用，它始于一年前。今年，我们与“大森海苔之乡馆”相关人员以及大学生一起为即将在大田区开设的“大森海苔之乡馆”制定了活动计划。作为其中一个环节，在大田区一所小学的进校授课活动取得了成功，“大森海苔之乡馆”活动计划创建以及江户前ESD协议会领导者育成项目进展顺利。

我们想在海洋大学所在地的港区也推进江户前ESD协议会的活动。在港区，地区青少年委员江户前渔民H先生协助了我们的江户前ESD协议会。我们请H先生在大学里就东京湾渔业进行了演讲，还参加了H先生在母校港区区立A小学以三年级学生为对象进行的“运河巡礼”活动。

因此，9月在H先生的带领下我们访问了A小学，向校长、副校长、PTA会长说明了江户前ESD协议会的活动。我们想请感兴趣的家长参加在大学召开的江户前ESD协议会，并进行项目的介绍说明。之后，H先生和小学取得联系，以A小学的老师和监护人为对象的研讨会的日程定在了11月18日。

邀请参加研讨会的传单印刷好是在1月7日。因为日期已经逼近了，所以传单由我送到A小学，拜托校长征集参加者。校长很爽快地答应了。但是，为什么没有人响应我们研讨会的号召呢？

惭愧的是，这个故事基本都是真实的。东京海洋大学江户前 ESD 协议会，通称“江户前 ESD 协议会”，是 2006 年秋被采纳为环境省项目而成立的，由东京海洋大学的教职员组成的志愿团体。因为成员都是没有和当地居民进行过合作活动的研究者，所以一开始我们都在不断摸索中东奔西走。这是当时的一个小插曲。

这一章我们将回顾江户前 ESD 协议会活动刚开始时的情景，从建立关于海边资源和环境的地区对话场所的摸索和错误中，引出在地区建立有关于海边的对话场所的教训。

2 可持续发展教育

地区中互相学习的 ESD

首先，从什么是“ESD”开始吧。

ESD 是指“Education for Sustainable Development”，在日语中被翻译成“为了可持续发展而开展的教育”或“可持续发展教育”，ESD 是其通称。

1992 年，以地球环境恶化的危机感为背景，在里约热内卢召开了地球峰会（联合国环境与发展会议）。主题是“可持续发展（Sustainable Development）”，为实现这个目标，采取了行动计划“21 世纪议程（Agenda 21）”。NGO 和少数民族等的代表也参加了这次会议，在这点上地球首脑会议具有划时代的意义，而且 21 世纪议程的采纳对世界环境政策产生了重大影响。这的确是一个巨大的转折点，但此后贫困、人权和环境的问题却一直没有得到改善。因此，地球峰会召开 10 年后的 2002 年，在南非约翰内斯堡召开“可持续发展世界首脑会议”时，日本政府和 NGO 联合提出了“可持续发展教育（ESD）的十年”（DESD: Decade of Education for Sustainable Development）提案。在同一年的联合国大会上，提出了将2005到2014这十年作为“ESD的十年”（DESD）的决议案，这个决议案的通过，促使一些国家特别是日本，各行政部门都对ESD相关活动和事业给予了支持。

据悉，“可持续发展”或“持续发展”概念包括环境分类、社会平衡、经济效率三个基本理念。ESD是为了实现这些理念而进行的教育。因此，ESD不仅包括环境教育，还包括和平教育、开发教育、性别教育等很多领域。同时，ESD以地区不同人群的协作为理想。每个地域都有独特的地理条件、文化和历史，社会和共同体的存在方式也不一样。但是，无论是哪个地区，如果人们不以可持续发展为共同目标，共同努力，就很难解决环境、社会和经济问题。从实际开展的ESD活动和业务来看，不仅仅是教育相关人员，还有从事地区各种各样的产业和活动的人——例如农业人员、从事城镇振兴活动的人、调查乡土史的人等——也参与其中。能调动该地区的多少人参加，是ESD开展过程中的关键所在。因为ESD是“由地区各种各样的人参与的互相学习”。

日本高等教育机构ESD的开展

自1992年地球峰会通过《21世纪议程行动计划》后，日本积极采取了各种环境措施。环境教育和学习就是其中之一。1993年颁布的《环境基本法》对“与环境保护有关的教育和学习等”（第25条）规定：“国家应通过开展与环境保护有关的教育和学习以及与环境保护有关的公共关系活动来促进企业及国民对环境保护的理解。同时应采取必要的措施，增进他们开展与环境保护有关的活动的意愿”，明确提出要推进环境教育和环境学习。2003年7月，通过议员立法制定了《促进环境保护意愿及推进环境教育法》，2011年颁布了《促进环境保护意愿及推进环境教育法部分修正案》，并于2012年10月全面实施。在以此方式促进环境教育和学习的同时，ESD也作为“ESD环境教育”得到推广。

纵观日本国内的ESD事例，文部科学省管辖的大学和研究生院等高等教育机构所参与的“以可持续发展为目标的高等教育”（Higher Education for Sustainable Development，简称HESD）的情况较多。这大概是由于文部科学省在推进HESD的辅助事业——例如2006—2007年度的“现代教育需求配套支援计划”，即所谓“现代GP事业”——中设立了一个名为“以可持续社会为目标环境教育的推进”的项目，并采纳了30多所大学的项目计划成果。正如前面提到的那样，日本政府2002年在联合国大会上提出了“可持续发展教育（ESD）的10年”这一议案后，于2005年年末在内阁设立了以外务省、文部科学省、环境省等部门为成员的“‘ESD的10年’相关部门联络会议”，并于2006年3月制定了ESD实施计划。这个计划规定在大学和研究生院等高等教育机构中实施HESD，且2011年的修订版中写道：“推动各大学或研究生院在培养各领域专家的过程中引入ESD相关教育，并为促进其发挥以下两方面的职能提供支持。一是为构筑日本及世界的可持续发展社会而开展调查研究的职能，二是作为各地区的行动主体的职能。此外，为了培养面向可持续社会的社会经济体系改革的领导者，将通过产学官民合作，支持高等教育机构的项目开发、引进等”。[1]

此后，HESD项目由环境省接管，成为与环境有关的国家战略之一。《21世纪环境立国战略》（2007年6月内阁会议决定）呼吁培养实现可持续发展社会的环境人才的必要性，环境省制定了“面向可持续亚洲的大学环境人才培养愿景”（2008年3月），并开展了“环境人才培养计划”事业。所谓“环境人才”，是指“能以自己的体验和伦理感为基础，独立思考环境问题的重要性和紧迫性，具有强烈的意愿，愿意通过发挥个人专业性的职业和市民活动等，致力于建设环境、社会、经济全面提高的可持续社会，并在其中发挥领导才能、承担社会变革的人才”[2]。与环境教育和环境学习以普通人的生活为着眼点，旨在培养“作为消费者和生活者，对环境保护有很高的意识，选择环境负荷少的商品和服务，实践可持续生活方式的‘环境关怀型市民’”不同，“环境人才”的培养目标似乎在于在大学中培养能领导这些普通市民的人才。

3 从“社会贡献”到“互相学习”

年轻一代不知道东京湾的富饶

话题回到江户前 ESD 协议会。

东京海洋大学江户前 ESD 协议会是以 2006 年度环境省通过“可持续发展教育的十年”计划为契机而成立的。

在前身为东京水产大学的东京海洋大学海洋科学部，有多名教师将东京湾作为研究领域。因此，以前就有人说要对东京湾进行系统的研究。大家（特别是年长的教师）也对年轻一代不知道东京湾本来的富饶感到着急，因此想要为此做些什么，加之上级也提出想开展一些自然科学和社会科学相结合的文理融合型研究及社会贡献事业，使在东京湾做这个研究的时机（稍微）成熟了一些。在这个时期环境省公开招募 ESD 项目，大家便商定在东京湾首先开始“社会贡献”，制定了江户前 ESD 协议会事业计划。该项目申请时需要有地方团体担任地区活动合作伙伴，有幸得到了时任“船舶科学馆”（东京都江东区）学艺部长（地位大致与馆长相当）的小堀信幸先生和以东京湾为渔场的围网渔船大平丸船主、同时也是活跃于东京湾三番濑地区的 NPO 法人“东京湾协会”（Tokyo Bay Associates）的代表大野一敏先生（千叶县船桥市）的协助。

“总之在最初的会议上很吃惊”

2006 年 10 月，江户前 ESD 协议会事业计划被采纳，需再次向环境省提交活动计划。从一开始就定下了以三个“共享”为活动的轴心，它们分别是：共享知识的“咖啡馆”——听关于东京湾的环境、生物、利用等方面的课程知识，共享知识；共享体验的“耳袋”——听靠海生活的人们谈他们的故事，通过体验海（边）来共享体验；共享理解的“私塾”——通过参与型研讨会共享个人的理解。但是，具体的对象和主题还没有确定好。于是，在2006年11月，江户前ESD协议会共同代表H教授召集了校内教师志愿者进行首次碰头会。参加的教师约有十名，他们的专业领域包括鱼类学、浮游生物学、海洋物理学、渔业经济学、沿岸资源管理、环境教育、日语教育等完全不一样的学科，特别是自然科学和人文科学，完全是不同领域的碰撞。

对于当时的情景，H教授在总结江户前ESD协议会活动的书籍《江户前的环境学》[3]中这样写道：

> 总之在最初的会议上很吃惊。……我们理科的教师完全无法理解到底该做什么、怎么做。……谈话不在一个频道上，结果大家甚至不知道应该以什么为目标、应该做什么。第一次会议就是这样一种状态。
>
> 川边翠·河野博编《江户前的环境学——享受、思考、学习大海》12章，东京大学出版会

虽然话谈不到一起，但最终商定首先要向以东京湾为工作场所的人们询问关于海洋大学在东京湾举行地区合作教育活动的意见。在那之后的三个月里，我们拜访了环境教育、渔业工作者、市民团体、水族馆、博物馆研究员等，并在大学组织研讨会进行了探讨。在这样的过程中，形成了一种与江户前ESD协议会当初提出的“大学老师为市民上课，做社会贡献”不同的“共同学习大海”的印象。因为我们在此期间见到的各位人士，都是在东京湾谋生的东京湾专家，也有直接受海洋资

源和环境变化影响的渔业工作者。我渐渐明白的道理就是，和这些人接触时不应该有“我来教你”的态度。

4 敲开地区的门户

就这样，这艘名为江户前 ESD 协议会的小船，虽然人员混杂，但还是做好了出航的准备，只是不知道船头朝向哪边比较好。幸好有两个地区向我们伸出了橄榄枝。一个是大田区大森地区，另一个是港区芝地区。

在大田区大森地区制作“海苔馆”的活动计划

大田区大森地区是过去江户前海苔的一大产地。从京浜急行电铁的平和岛站下车，在原为东海道的美原通商店街找一下，会有好几个海苔批发商。从这里朝着东京湾方向走，就可以到达大田区立海滨公园“大森故乡的海滨公园”和“大森海苔之乡馆”，通称“故乡之滨（Furuhama）”或者“海苔馆（Norikan）”。

北至江户川河口，南至多摩川河口的东京都内湾，曾经是全国屈指可数的海苔生产地。1951 年，东京都辖下 13 个渔业合作社经营着 74,160 个海苔渔场，1958 年增至 15 个渔业合作社的 803,713 个[4]。然而，为举办 1964 年东京奥运会，日本大力推进国土开发，为配合开展基于 1956 年首都圈整备法而制定的东京港改造计划，1962 年，东京都内湾的渔民不得不全面放弃了渔业权。

其中尤以大森地区因海苔生产而驰名全国。在养殖最繁荣的时期不得不放弃生产的海苔养殖业者们，在过了 50 多年的今天，仍然对海苔养殖念念不忘。据说，“海苔馆”的建造便是因为曾经从事海苔生产的大森地区的居民们对大田区提出了强烈的诉求。

江户前ESD协议会与“海苔馆”合作的契机是大田区立乡土博物馆研究员藤冢悦司为我们带来的。当时，藤冢先生（恐怕也是很伤脑筋地）被委任制作预定于一年后的2008年4月开馆的“海苔馆”活动计划。另一方面，我们也在为江户前ESD协议会的活动从哪里着手比较好而烦恼。偶然和藤冢先生谈了江户前ESD协议会的话题，就决定一起制定海苔馆的活动计划。就在这时，在大田区实践环境教育并深受当地小学信赖的小山文大先生（现任NPO法人海苔之乡会的理事），以及海洋大学海洋政策文化专业四年级学生中的10人加入了我们。其中，日野佑里、柳优香、宫崎佑介、小林麻理4人在这里进行了毕业论文研究。

在那之后的半年里，我们每月都会举办“海苔馆”项目的研讨会。协调员一般都是日野同学担任的。学生们在参加研讨会之余，也作为工作人员参加小山先生主办的环境教育活动，和附近小学的孩子们一起进行“故乡之滨”的生物调查活动等。此外，通过小山先生与当地的关系，还得到了在另一所附近的小学里讲授关于海洋环境课程的机会。于是，在2007年10月，堀本奈穗老师（东京海洋大学大学院的助教），在该小学开展了“有趣的理科教室”课程，通过营养盐的循环思考故乡之滨的生物和我们生活的关联。这门课是江户前ESD协议会首次进行的海洋环境教育。

不知不觉间我们完成了两个“海苔馆”活动计划。一个是“讲述海苔小镇的故事”，具体做法是大森四处寻访，请以前就住在这里的人们讲述小镇的历史；另一个是以小学生为对象的海边生物观察计划“故乡之滨生物探险队”。这些活动项目现在也在“海苔馆”开展。

关于这些江户前ESD协议会的活动，我在江户前ESD协议会第四号[5]进行了报道，如果感兴趣欢迎阅读。顺便说一下，大田区立乡土博物馆1993年编辑发行的小册子《大田区海苔物语》中，刊载了关于大田区海苔生产历史的丰富资料，既有从江户时代开始的色彩丰富的图画，也有从昭和初期到 20 世纪 30 年代从事海苔生产的人们的照片、统计数据等。

港区“为什么谁都不来呢？”

在大田区大森的“海苔馆”计划制作即将接近尾声的时候，大家决定在东京海洋大学所在的港区也开始江户前 ESD 协议会的活动。

港区是东京塔的所在地，也是市中心三区之一。但是，沿着 JR 山手线的铁路在街上走的话，到处都能看到以前渔村的痕迹。例如，在滨松町乘电车向田町站方向去，会穿过一条被首都高速市中心环线挡在下面的旧河道。这时将目光转向右边（西侧）的东京塔一侧，便会看到河岸上密密麻麻地系着小船。其中大部分是昭和 30 年代被迫停业的原江户渔业者经营的屋形船。快到田町站的时候，仍然是右手边，有落语（日本相声）“芝浜”中登场的杂鱼场、也就是以前的鱼市场的旧址。原本这一带 JR 线的前身就是在 1872 年（明治 5 年）从新桥到横滨、大体沿着海岸线铺设的线路。

我们在港区开始江户前 ESD 协议会活动时最先拜托的人是在港区芝地区的金杉桥经营鲈鱼刺网捕捞、星鳗捕捞和“辰春”号屋形船的第六代江户前渔民铃木晴美。晴美女士在芝地区的青少年教育方面也很活跃，为了让母校的孩子们能从大海上看一看自己的家乡城市，20 年来每年都会邀请三年级全体学生乘船进行“运河巡礼”。

2007 年 1 月，我们正在摸索如何开始江户前 ESD 协议会的活动时，经过江户前 ESD 协议会的成员之一、拥有广泛人脉的马场治教授的介绍，与晴美女士见面了。我们决定在那一年的秋天开始在港区开展江户前 ESD 协议会。于是在晴美女士的引导下，去 A 小学拜访了校长和 PTA 会长，提议一起开展江户前 ESD 协议会的活动。然而当我实际邀请学生监护人去参加研讨会的时候，正如本章开头介绍的那样，一个申请参加的人也没有。

这件事还有后话。同年 12 月，也是由晴美女士安排，我们得到了和芝地区的三位町会干部们面谈的机会。我们第一次了解到从战前到 20 世纪 60 年代东京港开发正式开始之前，与这片大海密切相关的芝地区生活的情景，同时也了解到他们对于现在完全改变了面貌的东京湾无法抱有亲近感的心情。

研讨会“怎么才能让大家乐于参加呢？”

本章开头我提到了 2007 年秋面向港区 A 小学的监护人开设研讨会失败的事情。2008 年 2 月 1 日，藤冢、小山、晴美等 7 名在地区开展环境教育活动的人员、5 名海洋大学学生和 6 名教师在回顾江户前 ESD 协议会一年的活动时，首先读了这段文字，共同分析失败的原因。这也就是第七章将要介绍的“案例教学法”这一方法。

对于“大家为什么不来呢？”这个问题，我们听到了“好像很难”“ESD 研讨会是什么？”“为什么要开呢？”等等的意见，也就是说，大家似乎不太明确活动的目的。另外还有意见诸如“看起来很辛苦”“不让人感兴趣”“因为（ESD）需要领袖人才所以不太想去”“不适合孩子们”“没有体验活动”，也就是说，这些意见反映出活动缺少魅力。此外，还有人指出，“活动交给校长和 PTA，无法面对面交流”“（东京海洋）大学不太为人所知”“需要关键人物”“监护人不能和孩子分开来”等，这些意见指出我们与小学生和监护人之间缺乏联系。除此之外，还有“需要专程去大学”“需要占用周日时间”“时间太急了”等指出场所和时间不合适的意见。

总结一下，大家为什么都不来呢？原因在于不太明确 ESD 和研讨会的目的，活动缺少魅力，以及缺少与孩子们和监护人的个人联系等等。在有如此多不足的情况下无视了大家的需求和时间安排等进行企划，所以才导致了上面的结果吧。

5 以成为地区的海洋合作伙伴为目标

接下来我们将从本章介绍的江户前 ESD 协议会初期两个地区的经验中，引出在海边建立关于海洋利用和管理的讨论场所的经验。

第一个经验是“使活动的焦点与该地区居民的需求相一致”。

大森地区“海苔馆”的活动计划进行顺利的最大原因就是符合该地区的切实需求。“海苔馆”一年后即将开馆，必须准备好活动计划——目的非常明确，再加上还有时间限制——从预定开馆时间往前倒推，再扣除办理行政手续所需的时间，就可以确切推算出前一年的几月之前必须完成什么事情。这种紧迫感确实成为推进活动的巨大动力。

然而，另一个在港区推进的活动，由于我们大部分精力都放在了开始江户前 ESD 协议会活动上，而没有能够明确设定该地区居民所需要的、并能让我们共享的目标。如果不首先考虑地区的需求，就不能和该地区的人们一起开展活动。

第二个经验是“通过各种各样的途径构筑和地区居民的关系”。

在大森地区，有一位藤冢先生，是专门从事民俗学的大田区立乡土资料馆研究员，他与在大森从事海苔渔业的人们有着长期的交往。另一位小山先生也积累了很丰富的在当地小学开展环境教育活动的经验。通过这两位与该地区居民的关系，海洋大学的学生们才获得了在大森地区开展活动，以及与小学的老师们建立联系的机会。这也促成了江户前 ESD 协议会首次在小学实施有关海洋环境教育的活动。有多个友好关系的网络，与地区居民的交流也会更加频繁。而在港区，我们懈怠了与地区居民建立关系的努力（这是后来才意识到的）。

第三个经验是“要和地区居民进行交流，需要‘中间人’”。

在大森地区，藤冢和小山先生为我们起到了打开地区大门的作用。在芝地区，最后能和芝地区町会的干部们促膝交谈，是因为有晴美女士这位中间人。正因为他们有着长时间在地区建立起来的信赖，江户前ESD协议会才能在大森地区开展海洋环境教育活动，以及获得在芝地区仔细倾听当地名宿畅谈心声的机会。

此外，还有意料之外的收获。那就是学生成为连接地区和江户前ESD协议会的“中间人”，牵引活动开展。

江户前ESD协议会这个时期的目标是由H教授提倡的“江户前ESD协议会领袖人才的培养”。江户前ESD协议会领袖人才不仅应该（在一定程度上）了解东京湾的环境和生物，还应该有能力企划ESD活动，并推进对话。这一目标的提出远远早于政府提出“环境人才”口号，因此可以说这个目标设定是很有先见之明的。实际上，（教师们暗自期待的）这些志在成为江户前ESD协议会领袖的学生们，亲身穿着防水连体雨衣和雨靴走进故乡的海里，撒网进行了生物生活调查，还邀请藤冢和小山先生到大学举办“学生研讨会”。此外，还收集了其他可能与此相关的小博物馆的活动等信息来作为“海苔馆”活动计划的参考，并每次向我们进行汇报演讲，他们的表现远远超出我们的期待。

而且，学生比教师更容易融入当地。访问大森地区的老年人时，学生们提出想听听他们以前在海滨的生活，老人们便会拿出茶和点心招待他们并耐心地讲给他们听。学生在海边帮忙进行环境教育时，孩子们会崇拜地跟着他们。在这一过程中，难以互相理解的异文化混合队的教师们，能够与藤冢、小山先生他们一起完成制定“海苔馆”活动计划的使命，也多亏了学生主动开展活动。

这些经验使我们对“参加者互相学习”的ESD进行了重新思考。

在传统的大学教育中，教师理所当然地向学生传达专业知识，对学生的成绩进行评价。然而，ESD以人们的协作为大前提，而协作以对等为前提。在大学教育中推进这样的ESD，是不是需要从以往的大学教育中教师和学生的关系桎梏中解脱出来，做好教师和学生建立新关系的觉悟呢？

顺便说一下，江户前ESD协议会是以小规模的预算开始的，之后也没有正式编入大学相关组织的活动计划，也没有成为文部科学省事业的对象，因此它始终在文部科学省→大学这样一个正统路线之外，现在仍然是由我们和海洋及渔业的相关人员共同举办科学咖啡馆和研讨会等活动。研究室的学生们对于教师来说是可靠的合作伙伴，但是因为成员几乎每年都会更换，所以它的传承，也就是说可持续性也是江户前ESD协议会需要解决的一个课题。

第五章
在海边学习——环境教育的实践

1 在葛西临海公园

“对于我接下来所说的话，选择‘是’的人请向前迈一步！”

“今天吃了很多早饭的人！咦？有人没吃饭！”

“期待今天的探险队活动的人！哇，这结果真令人开心！”

2009 年 6 月 20 日早晨，在位于东京湾深处的葛西临海公园（东京都江户川区）的水上巴士码头，伴随着有马优香（当时东京海洋大学海洋科学部海洋政策文化学科的四年级学生）的明朗声音，30 多个大人和孩子组成圆阵熙熙攘攘地向着前面和后面移动着。这是葛西临海探险队计划“去探访大海中看不见的世界”的开端。该项目是东京海洋大学江户前 ESD 协议会和志愿者团体“葛西临海 · 环境教育论坛”（现为一般社团法人，代表为福井昌平）的首次合作项目，从准备到实施的过程，包含了双方对海洋环境教育的各种各样的期待。有马优香所进行的学生主办活动（引导者）也是其中之一。

在这一章中，作为向海边学习的开始，首先要考虑“正统·环境教育”——在海边进行的教育活动和项目。对于这里提出的课题，我想把葛西临海探险队的海的项目作为一个解决方案来介绍。除此之外，也要整理一下接下来要做的课题。

2 海边的教育项目

在东京湾思考海边学习项目的课题

在上一章中，我介绍了环境教育、环境学习和“可持续发展教育(ESD)”。无论是环境教育、环境学习还是ESD，我们学习海边的最终目标都应该是实现“海边资源的可持续利用”，让未来一代也能同样享受现在这一代人享受的海洋生态服务。为此，海边的学习项目应该是怎样的呢？让我们一起来看一下东京湾深处的“江户前的大海”。

被东京都、神奈川县、千叶县等首都圈区域包围着的东京湾，长约50公里，形状如同一个细长袋子，底部朝向东北方向放置的封闭性内湾。水域面积为1380平方公里，虽然并不大，但流域人口约为2900万人，约占1.27亿日本人口的23%[1]。东京湾支撑着这些人的生活，容纳他们的生活污水，维持着首都功能，是世界上被最密集利用的海湾。

如果把东京湾比作一个倒置的袋子，在100年前的海湾底部，有滩涂和浅海。1908年（明治42年）在千叶县君津郡担任水产业指导工作的泉水宗助经农务省认可发行出版的《东京湾渔场图》[2]如实讲述了这片海的丰饶。在这个渔场图中，海湾到处都有“矮大叶藻”“大叶藻”等海草群落场，有可以采到贝类的“蛤仔场”“蛤蜊场”等场所。至于渔场，有“投网（撒网）场”“腰卷（一种系在腰上捕捞贝类的工具）场”“虾网场”“颌针鱼流网场”等，捕捞各种各样的鱼贝类，种类繁多的渔业随处可见。

然而，由于以首都东京为中心的大规模沿岸开发，如此广泛的捕鱼活动使大部分滩涂和浅水区在现代化的进程中已经消失，特别是在战后到今天的这段时期。今天，如果看一下东京湾的海图，你会发现几乎所有的海岸线，除了千叶县的盘洲海滩以外，几乎都被填埋地特有的锯齿状的线所包围。特别是在东京内湾，在连接江户川和多摩川口的线路以西，大部分的“海平面”被人工岛占据，上面有港口设施、废物处理场和其他城市设施。

在东京湾，在经济高速增长期，临海工业地带的工厂排放的汞、PCB（多氯联苯）等化学物质和有机物造成的水污染是一个大问题。然而，1970 年以后的行政环境和产业结构的变化使污染得到减缓。今天，东京湾已不像 20 世纪 70 年代那样臭气熏天。然而，这并不意味着环境处于良好状态。流域内 2900 万居民的生活污水，以及各种工业活动的污水，给海湾带来了大量的氮和磷。在富营养化的海湾中浮游生物不断繁殖，其有机物造成的污染在东京都内湾呈慢性化状态。夏季，沉淀的有机物消耗海底氧气导致贫氧状态，引起生物的死亡。

关于东京湾环境的信息很多，也很容易获得，足以使我们了解这种情况。作为《防止水质污浊法》规定的“公共水体”，自 20 世纪 70 年代以来，东京湾每个月都会在规定的许多测量点进行水质调查，以确定是否符合“环境标准”（为保护人类健康和维护生活环境而应保持的标准）。关于这些环境的数值数据积累丰富，其中一些可以在政府网站上找到。国土交通省关东地方整备局港湾空港部也在网上设立了东京湾环境信息中心，为从学童到专家的各个层次的用户提供环境信息。

如果以战后日本经济开发的缩影——东京湾为舞台，进行环境教育的话，我们应该设计什么样的项目？计划的内容是什么？如何进行以使参与者受到启发、思考东京湾的未来？

战后开发所带来的急剧变化造就了今天的东京湾，因此作为环境教育的主题，“水质”和“填埋”是必须列出的吧。另外，在学习持续利用海洋的过程中，包括江户前的渔业在内，“生物”的知识也是不可或缺的。我们不仅要从文字上了解它们，还要了解它们与沿岸流域地区人民和社会生活的关系。如果可能的话，希望加上在东京湾的亲身体验和学习。

也许会有读者感到意外，但在东京湾地区有很多自然体验活动。在仅存的自然海滩三番濑和盘洲海滩上，会定期举行贝类和沙蚕等底栖生物、虾虎鱼等鱼类、候鸟等海边生物的观察活动。另一方面，在台场和大森的填埋地海岸建有人工海滩的地方，以前的渔民和市民团体为儿童提供机会体验在网箱中种植、采摘和制作紫菜（海苔）的整个生产过程。还有一个市民团体致力于恢复填埋地沿岸的大叶藻场，这些大叶藻是幼鱼的摇篮。

3 快乐学习海边知识——自然解说

一种有趣的学习和思考方式

在海边用自己的感官亲自体验的活动很令人开心。但是，如果只是开心快乐，而没有自己的想法的话，就学不到什么。这样就不会有学习的兴奋感，开心和快乐也难以持续下去。因此我们不能以“活动很令人开心”来结束体验活动，而是要去感受海滩和浅滩的意义，从而引出更深入的思考。

那么，怎样的活动项目才能使我们快乐地学习并深入地思考呢?

在这里，我想介绍一下关键的“自然解说”。

所谓的“自然解说”，就是“以易于理解的方式向人们传达自然、文化和历史（遗产）的行为”[3]。但是，传播的不仅仅是关于自然、文化和历史的知识，还有“传播这些‘信息’背后的行为本身”。把这一自然解说作为专业的工作进行的就是“自然解说员”。早在环境教育和环境学习被认可为国家政策之前，他们就已经在实践基于自然体验的环境教育了。

这可能会让很多人想起环境部的自然保护官员，他们被称为“护林员”。环境省的护林员制度可以追溯到1953年，当时模仿美国国家公园的制度，向日本各地的国家公园分配了12名地方护林员。目前，环境部的护林员在全国七个地方环境事务所及其下设的自然环境事务所和自然保护事务所从事着国家公园、自然保护区和世界自然遗产地的管理、野生动物保护，森林和海岸保护以及自然恢复等工作。虽然护林员也“促进环境教育”，但他们的工作实质是对国家公园和自然保护区内的自然环境资源进行利用和管理。

另一方面，日本自然解说员的原型是在美国的洛基山脉等大自然中活动的自然导游，这些人主要以森林的自然环境为舞台进行活动。其先驱是川岛直先生，他曾在“公益财团法人KEEP协会”担任环境教育专家。

KEEP是“清里教育实验计划（Kiyosato Education Experimental Project）”的简称。KEEP协会起源于清泉寮，这是美国人保罗·拉什博士战前在八岳山南麓建造的基督教指导者培训设施。战后，该协会曾在农村共同体中践行“粮食、健康、信仰、对青年的希望”这一理想，后从20世纪80年代开始致力于环境教育，并决定与“日本野鸟协会”合作，“在保护KEEP用地的自然环境的同时，将这片土地作为自然教育的据点”，开始了指导者培养事业和以小学生为对象的环境教育项目。它是日本环境教育的先驱。

某一天的自然解说项目

自然解说员进行的环境教育项目和参加式研讨会[4]一样，从“破冰”开始，然后进行“活动”，最后进行“回顾”。

下面简单介绍一下各项内容。

最初的“破冰”，拿料理的套餐来做比喻，就是前菜。在品尝主菜之前，先做好肚子和情绪的准备。举个例子，下面是KEEP协会专门负责环境教育的鸟屋尾健在葛西临海公园以十几组父子为对象进行的破冰活动。

“‘你好’时间”活动如下。首先，自然解说员一边以连续图片展示的形式让参加者观看接下来的活动安排，一边进行说明。然后全体工作人员自我介绍后，工作人员和参加者一起组成圆阵，进行在本章的开头介绍过的有马小姐的“问卷调查”。然后为了将参加者分成几组，将手绘的鸟和鱼的画做成拼图，拆分成一片一片分发给参加者，让参加者们寻找拥有相同画的人来组成一个团体。然后，两个人一组做一些轻体操。破冰活动是为了让参加项目的每个人开始活动之前调整身心。同时也是为了营造一种让在这里初次见面的参加者们能够一起快乐度过接下来的几个小时的气氛。

接下来的“活动”，用套餐料理来说的主菜，就是大家期待的自然环境体验活动。在活动中，古濑浩史和渡边未知这两位自然解说员向我们展示了各种手工制作的道具。由100日元商店出售的两把放大镜制成的“显微镜”，手柄上缠着胶带；“弹出式图片故事表演”，潜伏在泥滩沙地中的生物一个接一个地出现；以及“指令单”，参与者可以在上面按照自己的意愿画图。简直就像哆啦A梦的口袋一样，小道具一个一个地跳出来。

最后，自然解说员的环境教育活动在“反思”中达到高潮。在套餐中，这是甜点，但不要低估它：有了它，参与者才能对整顿饭进行反思，品味其所有的丰富内涵。这一天，在葛西临海公园，全体人员都到齐之后，自然解说员说："我看看大家的精神劲儿"，让有精神的人竖起大拇指，不是这样的人就朝下指，先把参加者们的心团结在一起。紧接着回顾了当天的活动，把一个很大的速写本上的图画一页页展示给大家看。然后，在墙上贴了一大张纸，上面画了一张彩色的公园地图，并要求所有参与者贴上便利贴或直接在纸上写字，告诉我们他们发现了什么。此外，还通过问"回到家里，你最想告诉爸爸妈妈的事情是什么？"这样的问题让大家积极发言。

现在，我一边写这篇稿子一边回想这些活动时，仍不由得露出笑容，说明这些活动为了让每一个参加者都能愉快地参加活动而在每一个细节都做足了功课，整个活动一直充满着阳光愉快的氛围。

海边的体验很愉快。在那里，如果能有自己的发现并和喜欢的人共享、产生共鸣的话，会更加愉快。讲解不仅仅是"通俗易懂地传达"的技术。如果再用料理来比喻的话，为了能让吃饭这件事变得开心（当然也要安全），在精心摆设的餐桌上，设计一套前菜→主菜→甜品的套餐，而且为了能让每一道菜都有滋有味，还要全程充分发挥好小道具和自然解说员的作用。

4 葛西临海探险队——海洋项目

"科学知识"的质量保证

虽然自然解说项目非常值得回味，但也还有需要探索的课题。其中之一就是项目中传达的科学知识的品质保证。

环境教育的先驱者川岛直先生在海洋大学的演讲中说，自然解说的终极意义就是"通过看得见的东西，传达看不见的东西"。川岛先生所说的"看不见的东西"中，就包括各种各样的道理。例如，"东京湾的水富营养化→浮游植物繁茂→产生贫氧”这一系列过程，就表现了自然界复杂现象之理。在大海中发生的各种现象中，像这样发生的机制被理论化的有很多。但是，实际上各种各样的因素相互缠绕影响，所以现象的发生也并不总是完全按照理论进行的。另外，现在也有很多现象通过反复观测分析数据，其机制也在逐渐明确化。因此我再赘述一遍，关于大海的环境、生物和生态系统的科学知识是不断更新的。所以作为这个科学领域专家的研究人员，需要知道已知领域和未知领域的边界部分，也就是说，需要知道已知和未知的分界点，并且能够清楚说明。

来自葛西临海环境教育论坛的邀请

为了在环境教育项目中深入学习，对其提供的知识的信赖是不可缺少的。但是，自然解说员不是研究人员。在这样的项目中，如何让自己所知道的科学知识与时俱进，也是一个课题。

作为对这个课题的回答，我想建议自然解说员与在大学和研究机构工作的研究人员进行合作。作为一个例子，我想介绍一下 2009 年 6 月 20 日，东京海洋大学江户前 ESD 协议会(以下简称江户前 ESD 协议会)和“葛西临海 · 环境教育论坛”（以下称为论坛）在葛西临海 · 海滨公园实施的海洋环境教育项目“探索大海中看不见的世界”（以下简称介绍大海洋项目）。论坛是由 2005 年在爱知县举办的“爱 · 地球博览会”相关制作人福井昌平等人，在世博会结束后为了继续推行环境教育而创办的团体，由自然解说员、NPO 法人和企业等组成（第一任会长是冈岛成行）。他们着眼于东京湾，将环境教育活动的场所选在了葛西临海公园 · 海滨公园（东京都江户川区）。因为这里从市中心出发很方便到达，园内还有水族园、鸟类园和两个人工海滨（西渚、东渚），这些条件都很适宜于环境教育。这里介绍的海洋项目是该论坛从 2009 年初夏到秋天举办的 20 次收费的环境教育计划“葛西临海探险队（以下简称探险队）”中唯一以海洋环境为主题的项目。

2008 年 8 月，担任论坛秘书的宫岛隆行，与儿童科学馆研究所代表涉谷美树一起，来与江户前 ESD 协议会的成员会面。宫岛先生来告知我们在东京湾进行环境教育的事情，也向我们讲解了葛西的企划，并问我们要不要一起做这些项目。

此时，江户前 ESD 协议会正在（稍微有点苦恼地）考虑如何在东京湾地区开展与“海边可持续利用机制”相关的活动。在作为岛国的日本社会，海洋教育的重要性不言而喻（至少海洋大学的教师这样认为），另外，根据《海洋基本法》，社会期待大学能为向社会推广对海洋环境的理解和教育起到牵引作用。但是，研究人员虽然接受了研究训练，但是没有接受过向社会简明易懂地说明这些问题的训练。从去年开始进行的大森海苔故乡馆的项目进展很顺利，但是，今后该做什么呢？我们当时正处在讨论此事的时候。

以与宫岛等人的相遇为契机，论坛和江户前 ESD 协议会合作开展的以小学生为对象的海洋项目就这样开始了。

海洋项目的准备

首先要做的是寻找担任节目进展主持人的学生。

江户前 ESD 协议会的目的是培养能够在地区实践持续发展教育（ESD）的江户前 ESD 协议会领导者。身边的对象就是海洋大学的学生，所以在这个计划中我们就把主持人的工作交给了学生。那个学生就是本章开头登场的有马优香。决定了这个之后，有马作为实习自然解说员参加了论坛举办的总计 20 次的环境教育项目，并在实地学习了与项目参加者的接触方法、借用小道具进行的破冰活动、简单易懂的传达技巧、安全管理等论坛的解说员们的各种各样的技术诀窍。而且，她还担任了论坛和江户前 ESD 协议会之间的联络员，这是我们没有想到的。

然后，我们制定了海洋项目的计划，进行了教材和观测器材等的准备。海洋项目由“船上观测”→“浮游生物观察”→“研究者讲座”→“回顾”几个部分组成。其中准备观测器材和制作发给参加者的教材占用了大部分的准备时间。“船上观测”中使用的设备包括可以根据深度对海水的电导度（盐分）和水温进行调查的CTD（电导度、温度、水深计）、从船上放入海中后根据可以持续看到几米深来测定水的透明度板（Secchi disk），以及为船内参加者实时显示CTD结果的显示器类。对于“浮游生物观察”中使用的显微镜、水通电实验和比重实验器具，我们准备了够全体参加者使用的数量。观测和实验的准备主要由葛西临海探险队队长石丸隆（江户前ESD协议会共同代表）负责。石丸队长为了进行水通电实验在秋叶原购置二极管，同时，在淡水鱼专家丸山隆博士的帮助下，愉快地制作了大约40个钓鱼时使用的浮漂作出的比重实验器具。

我们还制作了分发给参加者的“指令书”和主持人在破冰活动中使用的连环画、海洋生物的画、在回顾中使用的便签和仿牛皮纸等各种各样的小道具。“指令书”是指将当天的日程、当地地图和观察结果的记录纸汇集起来的册子。小道具主要是有马看到自然解说员们的制作方法后，跟着他们在同学们的协助下制作完成的。另外，由于葛西临海探险队的主要参加者是小学四年级到六年级的儿童，所以需要通过小学低年级的生活课和小学中高年级的自然科学教科书，调查每个年级学习的自然科学用语，这些也是有马帮忙做好的。此外，我们还准备了在海洋项目的“研究者讲座”中使用的PPT资料“东京湾和我们的生活”。

在江户前ESD协议会实施过程中最令人烦恼的就是与运营相关的事务。但是，在海洋项目中，论坛秘书处的宫岛承担了与相关人员之间的联络、设施的使用许可、参加者的招募和受理、购买意外保险等各种手续，帮了很大的忙。

试着做一下海洋项目……

关于这次实施的海洋项目，有马在“江户前的海 构筑学习之环”第九号[5]上进行了介绍。这篇文章刊登在东京海洋大学江户前ESD协议会的主页上，请一定要看一下。从结果上看，可以说是非常成功。

为了了解大家对项目的评价，在项目结束后，我们请全体参加者填写了回顾表。参加的小学生和他们的监护人总体上看都给了项目很高的评价。在从1分到4分的分数评价（满分=4分）中，参加的小学生全部给了满分4分，他们写了类似于“非常开心”“还想再参加”的感想。包括监护人在内的成人参加者的综合评价平均高达3.7分。根据项目内容来看，有很多回答是“第一次看到浮游生物”“使用显微镜”等，关于浮游生物的显微镜观察和水质实验等“体验”的记述。也有些成人参加者提出了根据年龄改变难易度、在水上巴士乘船活动中加入更多体验活动等等的建议。

当天作为工作人员参加活动的论坛自然解说员和秘书给出的评价平均为3.3分，比参加者的评价稍严格了些，但也算是相当高的分数了。问卷调查的结果和工作人员在反省会上的发言中有这样的评价：可以直接向孩子们提供最先进的科学知识；能将大学的最新型器材带入体验活动中，接触到与大学的课堂和研究同样的“真货色”；能和大学授课一样接触“真正的”的专业领域的正确信息；传达的信息量比自然解说员多等。一句话总结就是，项目中提供的科学知识质量得到了很高的评价。但是，关于“简单易懂地传授知识”这一点，我们收到了很多严厉的意见。比如说，“（使用专业用语）令参加者感到困难”“说明内容有时无法很好地传达给参加者，让参加者感到不安”“需要简单易懂地向小学生传达专业用语”等等。

海洋项目如何应对环境教育课题

江户前 EDS 在与自然解说员的合作中最期待的就是向他们学习“传达的技巧”。因此，在海洋项目中，我们参照了很多他们在实践中使用的简单易懂的传达技巧。

首先，我们考虑了项目的整体设计。

在计划项目的时候，大部分人首先会考虑传达些什么，也就是项目的内容和细节吧。但是，自然解说员在考虑项目整体的同时，也会注重到参加者的感受。比如说，他们在设定葛西临海公园为环境教育的场所时，设定的理念是“葛西临海公园是江户前博物馆”这一点。而且，在多达 20 次的探险队项目中，有一个共同的主题就是“对生物而言生存环境多样化的重要性”。此外，通过不断换位思考“参加者的感受”，设定了“葛西临海公园对生物来讲是宝贵的场所”“对生物来讲有各种各样的环境很重要”这样的体验感。在学习目标中设置“感受”这个项目，是超出了我们的想象的。但是，对于注重体验感的项目来讲，这确实又是非常重要的。

因此，在海洋项目中，我们仿照他们，以“探求大海中看不见的世界”为主旨，设定了“为了‘富足的江户前’的第一步”“江户前的海和我们的生活”“海与河的联系”等主题。同时，我们设定了以下学习目标：“希望参加者切实感受到海和河——特别是江户前——对于大海的生物来说是很重要的地方”“我们所看不到的大海内部和我们的生活是相连的”。像这样，设定了概念、主题以及“希望参加者体验到的感受”，我觉得实践的工作人员能够明确且具体地提出目标。

自然解说员们在项目开始进行热身的破冰活动也很新鲜。但是，稍微考虑一下，也是非常合理的。破冰活动是在参加式研讨会开始前，为营造参加者容易交谈的氛围而经常进行的活动。江户前 ESD 协议会在室内开展的研讨会也一定会进行。但是，在包括野外体验活动的葛西临海探险队，破冰活动不仅制造了气氛，还兼而成为体验活动的热身活动（我之后才注意到）。

而且，看了自然解说员使用小道具的方法，我有种“恍然大悟”的感觉。他们不仅在破冰活动和自然观察等活动中，而且在项目最后的“回顾”中也准备了一大张仿牛皮纸，让大家在上面将当天一天的流程视觉化，将体验过的事情全部回顾，共享从体验中获得的东西。这样的小道具的使用方法也是海洋项目的引导者有马同学在探险队一边积累经验一边学习到的。

另一方面，自然解说员也向我们反馈，他们得到了从大学教师那里学习知识和技术的好机会。大多数的自然解说员都对自然事物有着广博的知识。但是，他们很少有机会接触到专业领域的最新知识和机器。与从事相关研究的大学教师合作，对于自然解说员来说可以使用最新的机器，更新专业知识，也为他们更自信地解说提供了学习的机会。

5 回顾海边的环境教育……

自然解说员给了大家通过项目进行快乐深入学习的机会。和大学以及研究机构等合作，也使提供的科学知识保持新鲜而新颖。但是，尽管如此还是有需要解决的课题。我最后想讲一下这些内容。

仅凭报名费很难保障项目经费

第一个就是项目实施所需经费的问题。

一谈环境教育就提钱的问题可能会被笑话，但这是非常重要的事情。因为，实施自然解说项目最大课题就是经费问题，特别是以此维持生计的自然解说员的劳务费。

在海洋项目中，论坛方面的劳务费和水上巴士包租费是由支援论坛活动的企业赞助的。另一方面，学生工作人员的劳务费和教材费则由江户前 ESD 协议会从某财团获得的补助金中支出。

如果这么多项费用都只从 20 多名参加者那里收取的话，报名费会变得非常贵。这就违背了这一项目的宗旨——让大家能轻松参加身边的海洋环境教育。这是一个进退两难的处境。为了让活动继续下去，我们要设想在没有捐款的情况下，如何用参加者支付的有限的报名费来支付经费，并同时保证项目能让大家愉快地学习，这是我们今后需要考虑的课题。

大学提供海边环境教育的体制不够健全

另一个是有江户前 ESD 协议会项目的大学方面的课题。

这里介绍的海洋项目的运营大多由论坛秘书处承担。尽管如此，参加项目的大学教师们在挤出时间准备教材、组织学生工作人员辅助项目实施、搬运显微镜等器材、充实项目内容等方面也感到了很大的负担。

如果大学或研究机构期待教师和研究人员开展这样的海洋环境教育活动的话，需要考虑设置负责项目运营的协调人。我认为有无这样的部门，决定了一所大学或者研究机关是否能够更加深入地推广和加深社会对海洋的理解。

“正统的海边环境教育”也有界限

最后，我们将这一“正统的环境教育”作为“海边可持续利用机制建设”的一个基础环节来看时，面临以下课题。

“建立海边可持续利用的机制”需要与人们就海边资源和环境的利用进行相关的对话。当然，每个人所掌握的知识、信息的质和量都是不一样的。彼此承认差异，在此基础上，共同提出问题，探寻答案，考虑新的机制。这些的前提是平等关系下的协作与伙伴关系。

环境教育项目中的“正统的环境教育”为人们提供了就海边进行思考的绝好机会。其价值也是毫无疑问的。但是，如果“进行教育的人”和“接受教育的人”这两个立场固定下来的话，“接受教育的人”就不能踏出“进行教育的人”所设定的框架范围之外了吧。

事实上在实施环境教育项目的过程中，“进行教育的人”通过与“接受教育的人”的对话，可能会学到关于环境、生物以及它们的利用方法等等的新知识，也会有对自己迄今为止的想法产生疑问，或者改变看法的瞬间。这便是通过伙伴关系获得学习的瞬间。

因此，要将“正统的环境教育”作为构筑“海边可持续利用机制”的基础之一，我认为在环境教育的项目中，应就“进行教育的人”最初设定的价值观和前提框架，与“接受教育的人”一起重新审视，抱有如此的胸怀来进行实践是十分必要的。

第六章 对话海边——小鱼咖啡馆的尝试

1 科学家与大众的交谈

在这一章中，我想介绍一下“小鱼咖啡馆”。说是小鱼咖啡馆，但并非让大家吃鱼的店。“小鱼咖啡馆”是一个可以倾听专家关于海和鱼的讲述，并由在场的所有人相互提问和陈述意见的地方。也可以说，小鱼咖啡馆厅是以海和鱼为主题的“科学咖啡馆”。首先，我想从科学咖啡馆是什么开始谈起。

把科学还给社会

所谓科学咖啡馆，是指大家相聚在像街上的咖啡馆那样轻松的地方，谈论一些平时很少会思考和交谈的自然科学和高新技术，听取专家的讲座，并进行交谈。会场可以是咖啡馆、居酒屋或是酒吧，只要是参加者能够在舒适的氛围中交谈，哪里都可以。

以前听专家演讲的地方，很多形式都像上课一样，全体人员都向前坐，静静地听台上专家的话，最后专家再回答听众的问题。然而，近年来，参加者不仅仅是听专家的演讲然后提问，而是与专家们交流对话，这样的场合越来越多。这样的场合有各种各样的叫法和形态，而科学咖啡馆也可以说是其鼻祖。

生活在现代社会的我们，生活受到科学技术飞速革新的影响，不断变化着。科学技术的普及确实给生活带来了便利。但是同时，也有可能对生命的安全、健康的生活和健康的自然生态系统产生不好的影响，也就是说科学技术的发展也伴随着“风险”。将新的科学技术引入社会，我们不仅享受其带来的便利，同时也承担其带来的风险。

风险有两个不确定的地方，比如不好的影响发生的概率是多少；此外，如果发生，发生的时候灾害会有多大。另外，一个灾害发生后，有时候会随即带来另一个预想不到的灾害。风险只是概率问题，专家也无法准确预测。而且，即使专家说了自己的预测，现在大部分人也不会盲目相信吧。

再加上，不言而喻，社会并不是由一块岩石形成的。就像首都圈的居民利用福岛县的核电站生产的电一样，通过引进和普及科学技术获得利益的地区和承担风险的地区有时候是不一样的。在同一地区生活的人们中也有可能发生这种不均等性。在因核电站的布局而承担风险的地区，有获得经济利益的人，也有不是这样的人。而且，一旦发生事故，不管受到的好处多少都会受到损失。对于这样的现实，在同一地区中，也有各种各样的接受方法、想法和利害关系。

考虑到科学技术风险所带来的复杂的不确定性、利益分配和风险负担的不均匀性以及人们价值观的多样性，科学技术所带来的便利和风险，已经不仅仅是专家在计算机上计算出来并公布的一个数据如此简单。这是应由享受科学技术利益并承担其风险的人们共同确认事实、描绘蓝图、衡量其接受度的问题。

然而，与科学技术相关的政策和实施——其中包含了对环境和自然生态系统产生影响的公共事业——关于这一点，一般是由其所属行政机构的技术官员和研究人员等专家基于科学调查和研究结果，也就是所谓的“科学知识”来进行的。大多数市民，即使是生活会受到其影响的市民，也是在专家们决定的“草案”公布之后才能知道在实施什么事情。现在，根据“意见公募手续”，也就是所谓的PUBLIC COMMENT（公开评价）制度，可以将对草案的意见发送给负责部门，但是这个公开评价有多少效力呢？在草案提出的时候，政策和实施政策的方向性就已经决定好了，这一点是毋庸置疑的吧。

仅由专家决定政策的做法被称为“技术官员模式”。科学技术社会论的研究者藤垣裕子在其著作《专业知识与公共性》[1]中指出，现代日本的科学技术决策采用技术官员模式，这是以两个条件为前提的：第一，科学家无论何时都能给出准确而严格的答案；第二，科学家给出的严密答案在任何情况下都可以成立。但是，现实中的科学是现在进行时的知识，也就是在某个理想的状况下才能成立的科学知识，很多时候不能直接适用于实际的社会情况。

再赘述一遍，现代科学技术对社会和人们的影响，即使是专家也难以看穿其全貌。东日本大震中发生的福岛第一核电站事故让人们深刻地认识到了这一点。在这种认识已被广泛接受的今天，以前的“一般市民没有参与政策决策的知识和能力，所以应由专家来决定”这样一种被称为“启蒙模式”的想法和技术官僚模式已经行不通了。因此，专家需要做的并不是单方面地向市民传达科学和高新技术，而是像科学咖啡馆那样，大家一起学习、讨论，这样的“场所”增加了。1998年在英国城市利兹首创科学咖啡馆的主办者们说，科学咖啡馆的目的是“把科学还给社会”[2]。

社会需要科学家们走上街头

科学咖啡馆越来越多的背景之一，是科学家们所处状况的变化。

大学、研究所、学会等科学家的机构和团体正致力于向不是专家的大众传达自己进行的研究的内容。这不仅限于日本，而似乎是以20世纪80年代以来对环境的危机感为背景的世界性风潮。

1999年6月至7月，在匈牙利布达佩斯召开了“世界科学会议”[3]。该会议以“政府、科学家、产业界及普通市民聚集在一起，加深对科学面临的各种问题的理解，并在世界顶级科学家之间讨论相关战略行动”为目的，提出了“关于利用科学和科学知识的世界宣言”，以之作为21世纪科学的职能。职能由四个概念组成，在以往的“知识科学”之外，加入了“为和平服务的科学”“为开发服务的科学”以及“社会中的科学和为社会服务的科学”。

结合这一时代潮流，2004年4月，日本科学家共同体的代表性机构——日本学术会议发表了“推动与社会的对话”这一声明[4]。声明呼吁所有科学家积极致力于科学家和市民的对话。同年，日本政府在《平成16年版科技白皮书：今后的科学技术与社会》[5]中也表示，“为了使科学技术朝着对整个社会有利的方向发展，科学技术本身和科学家等的活动被国民正确理解、信赖和支持是必不可缺的”，因此，“科学家们必须基于自己也是社会一员的认识，向国民讲解自己得到的知识和见解并听取国民的意见，这也是科学家需要发挥的社会作用”。另外值得一提的是，科学咖啡馆是因为在白皮书中介绍后在日本国内被广为人知的[6]。

此外，在2006年内阁会议决定的第三期科学技术基本计划[7]中，还有重要的倡议：“推进外展服务（Outreach）这一双向交流活动，通过研究人员和国民相互对话，使研究人员等了解国民需求”。“外展服务”是指伸出手主动去接触的意思。这一倡议也促进了研究人员走出去与市民进行交流对话。

在内外部的期待和压力下，想要尽到社会责任的研究机构和乐于与社会分享自己专业领域信息的研究人员，开展了越来越多的向人们分享科学的活动。例如，以日本科学技术革新为使命的独立行政法人科学技术振兴机构的主页“科学门户”上，可以按月份一览全国举办的科学咖啡馆之类的活动。其数量每月多达100次以上，话题也从基本粒子、宇宙、地震、物质结构、动物的生态、生命、医学等自然科学类到历史、思想、哲学等人文社会科学类，范围很广。虽然名称各种各样，但是有很多都冠以科学咖啡馆的名称。

2 谈论海、鱼和渔业的“小鱼咖啡馆”

大海、鱼和渔业的科学咖啡馆

我们接下来进入主题“小鱼咖啡馆”吧。

“小鱼咖啡馆”是东京海洋大学江户前ESD协议会在东京海洋大学（海洋大）时常举办的以海和鱼为主题的科学咖啡馆。当然主题是鱼这一点也比较特殊，除此之外还有一个和普通的科学咖啡馆不同的特征。这个特征就是，参加活动的专家，不仅仅有研究人员，还有渔民。为什么要邀请研究者和渔民这两种立场不同的人呢？有以下原因。

首先，关于科学咖啡馆的首要任务，大家需要的是能够轻松地听到一线研究者关于海洋生物资源和环境的“科学知识”。所谓轻松地听，就是说，如果有疑问就能够马上询问或回答，即对话的形式。现在大家听到海洋和渔业研究人员讲话的机会确实增加了，但多数还是像演讲会那样比较严肃的场合。当然演讲会也准备了研究人员回答听众提问的时间，但是如果能更轻松地对话的话，大家应该更能接受吧。

第二点，“小鱼咖啡馆”还要邀请渔民来的理由自不必说，是因为大家还想听听捕鱼现场的事情。

自古以来，生活在日本沿岸区域的大部分人，都是以各种各样的藻类、贝类、鱼类为对象，使用适合海边条件的渔具来经营渔业。在大海这一自然中获取生物的渔业是怎样的生计，其中有什么样的智慧和知识，捕到的鱼怎么卖，渔村有着怎样的历史，传承了怎样的文化呢？在第三章中，将这些关于渔民个人和渔村共同体的知识称为“渔业知识”。大家也想听听这个。

生活在城市里的人们很少有机会看到农业、林业和水产业的生产过程。话虽如此，关于农业方面，如果去郊外，种植水稻的稻田和种植蔬菜的田地还是可以看得到的。但是，对于天不亮就要出海劳作的渔业，如果不是渔家，几乎没有机会去了解。更何况，像东京湾和大阪湾那样，为整备港口和工业用地而被大量填埋的都市内湾，陆地不断向海上延伸，连原来的渔村离海也越来越远了。在这样的沿岸区域生活的居民，有人连旁边的海里在从事渔业都不知道。

在沿岸渔业作为产业存续的地区，有通过水产的生产、销售、加工、流通来维持生计的共同体，以水产品为基础维持着地域社会的生存和发展。对健全的沿岸资源环境依赖性最强的产业——沿岸渔业——现在是如何进行的，面临着怎样的课题，如何展望未来，在“小鱼咖啡馆”，我们还想听渔民谈谈这些话题。

将“科学知识”和“渔业知识”进行对照

开设“小鱼咖啡馆”的第三个原因就是，我们很好奇，想在听了研究者和渔民双方的话之后，把这两个内容，即“科学知识”和“渔业知识”对比一下。

即使在同一片海中追逐同样的生物，研究者和渔民所看到的东西也未必相同。研究人员为了把握沿岸资源环境的状况，会使用科学技术仪器进行观测，统计分析在那里得到的数据，积累“科学知识”。另一方面，渔民在长年的渔业活动中体验性地积累了“渔业知识”。近年来，沿岸资源管理中有将“科学知识”和“渔业知识”对照活用的倾向。但是，大家很少有机会同时听到研究者和渔民的演说。也就是说我们很少有机会同时接触两种不同的“知识”。研究人员和渔民各自的观点有非常类似的时候，不过也有完全不一致的时候。其中的原因如果不一起听双方的观点并比较一下的话是无法理解的。

如果是研究者和渔民都在的话，不正好为解开这样的问题创造了契机吗？

3 小鱼咖啡馆之“了解江户前的虾蛄”

为交谈所做的三个准备

上一节阐述了我们举办“小鱼咖啡馆”的三个动机。那么，实际的“小鱼咖啡馆”有什么意义呢？我想以2000年1月东京海洋大学江户前ESD协议会举办的“了解江户前的虾蛄”、简称“虾蛄咖啡馆”为例进行思考。正如题目所示，虾蛄咖啡馆的宗旨是让大家了解在东京湾，特别是在横滨市柴地区开展的虾蛄捕捞情况。这一年是在虾蛄渔业因歉收而禁渔三年之后重新开始捕捞的一年。当天的工作人员有1名主持人、包括两名讲师在内的4名教师、5名研究生，以及两名附属图书馆职员。

虾蛄咖啡馆由3位专家的“讲话”和接下来的“谈话会”组成。“讲话”环节首先是化学海洋学研究者J老师的“富营养化和贫氧水块的发生”，接下来是资源管理学研究者S老师的“资源管理的目的、手法和虾蛄的资源量推测的结果”，最后是长年在横滨市柴地区从事小型底拖网渔业并主导柴地区渔业资源管理的渔民N先生的“柴地区捕捞虾蛄的发展历程和现状”，三人在投影仪上展示着照片和图表，分别讲了30

分钟。休息之后，后半段的“谈话会”大约一个小时。报名参加的人有30名，男女比大约是四比一，男性占多数。年龄方面，60多岁的人最多，有6人；还有1个是十几岁，此外20多岁到70多岁每个年龄段分别是3—4名。因为会场是在一踏入图书馆就能看到的休息区，所以除上述30人之外，还有不少途经会场的人站着旁听，会场爆满。

为了让虾蛄咖啡馆成为能够积极发言的场所，我们颇花了些心思。

首先，3位讲师的故事要作为一个故事联系起来。为了让大家的话题具有连贯性，我们请研究者J讲解了东京湾的富营养化和贫氧水块产生的因果关系，请研究者S讲解了水产资源管理方法以及资源量变动的主要原因中也包括栖息环境的变化，最后请渔业工作者N以这些为背景，讲解了虾蛄捕捞的情况。

在举办“小鱼咖啡馆”的时候，我们最在意的是，参加者是否也有较多的发言。再重复一下，在科学咖啡馆，参加的人能够轻松对话是很重要的。我们想营造一种让不认识的人之间都能安心交谈的氛围，也就是有所谓“协调关系（rapport）”的地方。在虾蛄咖啡馆，会提供茶和点心，休息时间由图书馆员讲解东京海洋大学附属图书馆收集并展出的关于东京湾的书籍和资料“东京湾档案”，在讲师结束“讲座”、进入相当于答疑环节的“谈话会”之前，会进行全员参加的“江户前海洋知识竞猜”，让大家稍微活动一下身体。

在营造现场气氛方面，大多由担任主持的人负责。科学咖啡馆的主持人当然是擅长说话技巧的，但仅此是不能胜任的。主持人需要在某种程度上了解当时的话题，而且，还需要从参加的人那里引出问题，要具备让谈话轻松愉快进展的能力。在虾蛄咖啡馆，能够带给观众阵阵笑声，还能带动现场气氛的优秀研究者H先生轻松地完成这项高难度的任务。

我们在“小鱼咖啡馆”中花费心思最多的就是参加者所提问题的“可视化”。在活动开始前，我们会给参加者发放便利贴和马克笔。然后，活动开始的时候，会告诉大家如果中途有问题的话可以随时提出来，或者有注意到的事情和疑问也可以写在便利贴上。一张纸上请只写一件事，可以的话请以一段话的形式写出来。

此次虾蛄咖啡馆活动，参加者在听的时候没有提出问题，但是在各个演讲和休息时大家都在便利贴上写下了意见。工作人员在中场休息时收集便利贴，然后将上面写的问题和评论贴在白板上进行分类，总结出了“渔业”“资源和环境”“禁渔”“贫氧”“营养盐”“潮·定点”“举措？？”“NPI（北太平洋指数）”“饲养·养殖”等分类，贴上标签。这是与人类学家川喜多二郎先生设计的KJ法（创造性问题解决技法）相似的方法。

像这样在便利贴上整理提问和评论的效果是什么呢？我们迄今为止的感受是，比起在会场举手提问，在便利贴上写出来的方法更没有负担，所以对于汇总各种各样的问题和意见是有很大效果的。此外，在白板上分类整理问题和评论，还可以把握前面所听到的演讲的整体形象和它们之间的联系。

就虾蛄咖啡馆的例子来说，3位讲师的演说之间的联系和整体形象根据参加者的提问得到重新构筑，这样做不仅有助于理解内容，也有助于之后的提问环节。便利贴和白板确实是推动活动视觉化的功臣。

一边看白板一边讨论

谈话会的时间、也是虾蛄咖啡馆的最高潮部分，大约是一个小时。主持人一边看着贴着便利贴的白板一边向讲师提问，讲师回答后，主持人向听众确认。

首先，主持人向讲师询问了便利贴上的一些基本问题。例如，关于富营养化，“是不是污泥不减少，缺氧水团就不会消失？”“底泥中有多少营养物质会重新溶出？”，或者关于资源管理，“为什么日本控制输入而外国控制输出？”“为什么会有温暖的低盐分的水覆盖在上层阻挡氧气进入？”等等。而主持人会引导会场的参与者提出进一步的问题。

虾蛄咖啡馆结束后，我们请参加者填写了问卷。问卷中除了“迄今为止的误解”“我第一次学到的东西”“残留的疑问”“新问题”之外，还有诸如“今天参加了活动后，你有什么样的发现？”这样的问题。在回收的25份调查问卷中有16份的感想栏中评价此次项目非常有意义或者非常有趣。细分来看，首先参加者对N先生的演讲印象很深，比如“N先生的故事特别有趣”“我觉得对禁渔作出的努力很了不起”。接下来是易懂度的感受，“每个讲师的话题都非常容易理解和有趣”“S先生的话题很容易理解，印象深刻”，最后是对能听到研究人员和渔民双方演说的好评，例如，“讲解非常通俗易懂，很有说服力，因为讲解的不仅是老师，还有在当地工作的渔民，因此主题非常易懂”和“讲师最后对提问一一作出解答，很好”（关于问答环节）等等。这些感想与我们组织者举办“小鱼咖啡馆”的动机有很多一致之处，因此我们在阅读这些感想时不由得会开心地点头感叹“是的，就是这样”。

4 科学咖啡馆分享的知识

那么，参加虾蛄咖啡馆的人所见所闻的“知识”是什么呢？接下来我想重点讲一下参与者感想中出现的三点：即“渔民话题的趣味性”“研究者话题的通俗易懂性”和“渔民与研究者两个角度的解说”这三点。

人们被只有渔民才知道的故事所吸引

首先，人们可以说是被渔民的话题的趣味性，也就是说，只有渔民才能了解的故事所吸引。

很多参加者在感想中提到的渔民N先生所讲的内容，是基于他在横滨市柴地区长年经营渔业的经验而展开的。柴地区早先是半农半渔的村庄，后因海苔养殖而繁荣，在金泽地区填埋开发后开始专门从事渔船渔业，并以资源管理型渔业而闻名全国。他讲述了这样一个发展历程，还有作为渔民对之后环境变化的观察结果、在该地区的渔民之间传承下来的关于捕鱼与气象的关系等。

根据认知科学的研究，人类的思考自然具备“理论框架（逻辑－科学）”模式和“故事”模式两种模式。理论框架模式涉及一般原因和体系，根据原理规则对事物进行验证。另一方面，在故事模式中，可以感受到人的意图、行动和变迁的意思之间的联系。两种模式是互相补充的，人们通过故事加深对事物的理解[8]。

关于这一点，我们可以比较一下虾蛄咖啡馆的研究人员和渔民各自所说的内容。柴地区的渔民们长年限制虾蛄的出货数量，同时，采用了两天作业后一天休业的“捕二休一制”，自主地进行资源管理。N先生从20世纪70年代就开始指导这种资源管理。关于这一实践，研究者S先生说明了资源管理有“出口限制”和“入口限制”两种方法，并将柴地区进行的资源管理作为先进事例定位在这个框架中。

关于东京湾的虾蛄，我想之后N先生也会讲到，在渔业方面进行了相当先进的管理，可以说是双管齐下，将出口限制和入口限制两方面很好地匹配，同时进行……

另外，就入口限制而言，有捕二休一制和其他各种各样的限制，其中具有代表性的就是捕二休一制，即工作两天休息一天，也就是考虑到不要过度增加捕捞量。这也是很早就开始的，我认为可以说他们在资源管理方面很早就采取了先进的方法。

（选自研究者S先生的讲演）

另一方面，渔民N先生则在演讲中使人身临其境地讲述了引入这种捕二休一制并持续至今的过程中那些只有当事者才知道的事情。

第二年，由于石油危机，每天都出渔的话油是不够的。所以我们陷入了必须在哪里停止用油这样一种状态。我们很困扰，不知该怎么办，也有人说要休业……而且那时，虾蛄的价格下降了，很便宜，所以我们想以此为契机制定休渔制度怎么样，并独自设置了出渔两天休息一天的制度。……合作社里还有人说，不捕虾蛄，只捕鱼怎么样，快去捕鱼吧之类的各种各样的意见，总之为了能彻底做到出渔两天休息一天，我们在说服大家方面遇到了很多困难。但是我们还是设法说服了大家，从昭和五三年（1978年）开始实施了捕二休一的制度。

> 一段时间后，石油危机有所缓和，石油流通也变得顺畅，于是有人说要停止限制，让渔民做他们的事，但经过这一年多后，虾蛄的价格一点一点地升了上来。……渔场也是……因为如果你出海两天，休息一天，第二天出海时，渔场也会恢复。渔获量变得稳定了。……如果从全年来看，外出（捕鱼）的天数并没有增加，捕鱼的情况长期稳定，价格也上涨了一些，所以渔获量反而比以前有所增加。我们拿着这些数据，劝说渔业合作社的成员继续“捕二休一”。从那时起，我们一直保持同样的做法。
>
> （摘自渔民N先生的故事）

渔民N先生的故事，讲述了渔业合作社和渔民如何在不断变化的社会条件下管理渔业并应对市场的过程。许多参与者在他们的反馈中提到了N先生的故事，原因可能是他们被其故事吸引。

事实上，渔民N先生的故事，包括了渔业中所运用的“科学知识”。例如，渔业合作社开始“捕二休一”是因为第二次石油危机造成的燃料油短缺，但为了在燃料油短缺问题解决后继续“捕二休一”，他们通过比较渔获量和价格的数据，在渔民中分享“捕二休一”的好处，这又被用来作为继续这项政策的动力。只是按照N先生的解释，这些数据所显示的“科学知识”并不是被作为调查对象，而是被当作实地判断的依据。这种态度正是渔民和研究者之间的差异。N先生显然意识到了这种差异，比如说，当他谈到对海水盐度和贫氧水团与虾蛄生态之间关系的猜测时，他会首先声明说：“这只是我在现场的感觉。”

我在小鱼咖啡馆的其他场合中也注意到参与者有时不区分科学家和渔民，会向谈论“渔业知识”的渔民提出关于“科学知识”的问题。为了避免“科学知识”和“渔业知识”之间的混淆，当渔民根据自己的实地经验谈论“渔业知识”时，可能要像N先生那样让听众意识到这一点比较好，而参与者或许也需要注意这一点。

研究者的演说中也有不仅仅是“科学知识”的“故事”

第二，研究人员的演说也很容易理解。这可能与研究人员的演说包括但不限于“科学知识”的“故事”有关。通常研究人员所作学术报告的目的是传播新的知识。在这样的场合，他们很少谈及他们如何生出研究的想法以及如何通过多次试验和错误进行研究。研究人员在小鱼咖啡馆的讲座也是以现有的研究和理论为基础，对自己的观察和实验所获得的结果进行逻辑性介绍。然而，研究人员也描述了他们自己的研究过程。

例如，在虾蛄咖啡馆，研究人员J老师对“贫氧水团出现在水表就会引发绿潮”这一现象，首先引征了现有的研究成果，然后展示了他的观察结果。但他也描述了自己的感官体验，展示了他在海上观察时拍摄的照片，并说："当我在船上工作时，可以闻到……它们散发出像温泉那样的硫磺味儿"。研究者不仅传达了逻辑－经验模式的"科学知识"，还传达了自己研究过程中获得的经验，也就是故事。这样的演说才会获得参与者"所有演讲者的演说都很容易理解"这样的评价。

此外，这种对研究过程的描述也使参与者了解到开展研究是怎样的一种活动：提出问题和假设、进行观察和实验、分析结果以验证假设，并继续提出新问题和假设。

让我再举一个在虾蛄咖啡馆讨论渔业资源管理问题时的例子。研究员 S 说"有两个因素导致资源波动：海洋环境变化和捕鱼情况"，并举例说明：就北太平洋的远东拟沙丁鱼而言，海洋环境变化被认为是主要因素；就北海道的春鲱鱼而言，捕鱼量被认为是主要因素；而对于秋田县的叉牙鱼，两者都被认为是重要因素。他在当时的讲解中说："我想做一些分析，因为我想知道为什么自 1980 年以来这两种渔业的渔获量变化是不同的……""我想弄清楚为什么渔获量会急剧下降，哪个是原因，环境变化还是过度捕捞。我想弄清楚为什么鱼获量会有如此大幅度的减少，是由于环境变化还是过度捕捞，所以我试图对其进行分析"。像这样，听众可以重温他研究的思维过程，他把自己的研究讲得像一个探险故事。

当研究人员谈论他们的研究过程时，也就是在向人们讲述他们的研究故事。听了这个过程，人们不难发现，科学并没有解决关于沿岸环境和资源的所有问题，而是仍处在巩固每一项知识的过程中。他们还可以通过这些故事慢慢理解，海洋环境的管理和生物资源的利用必须建立在对现状的不断监测基础上，有时还需有政策的变化。

从"渔业知识"和"科学知识"中描绘沿海的故事

第三，我想讲一下通过听取渔民和研究者的不同意见，将沿海资源环境中的事件的两种不同观点结合起来的可能性。

在虾蛄咖啡馆的讨论中，人们提出了关于各种主题的问题。让我们以一位参与者、一位研究人员和一位渔民之间关于东京湾的“盐度”的交流为例一起看一下吧。

研究者J氏：……，东京湾的盐度在海面上经常是20多，底部大多在30多，一般在外海是35或34左右……

参与者：如果你不说单位，我们听不懂的。

研究者J氏：盐度没有单位。

参与者：但是，对我们这些普通人来说不太懂……

研究者J氏：在外海是35的意思是，从盐分的百分比来说，35大约相当于3.5%的盐，这就是盐分35的意思。

主持人（研究者H氏）：一般来说，在一升海水中大约有35克盐。

研究者J氏：我们称其为无单位的35。在无单位35中，表面层约为20，底层约为30。

渔民N氏：你刚才说表层是20左右，但我们也看了一下，通常是10到12皮（pico）左右。

主持人H氏·研究者J氏（在他身后小声嘀咕）“比重？”“比重。”

渔民N氏：不好的时候，会比1.010更低。

研究者J氏：您是指比重。

渔民N氏：从这里看的话，如果低于1.020左右，就不太妙了。如果从前一天的1.024左右下降到0.9或1.0或以下，那么所有的虾蛄都会死掉。如果用……网把它们捞出来，它就会死掉，变成白色的，所以就不能卖了。……J老师讲的单位我不太清楚，但如果你用这个（比重）来说的话，东京湾应

> 该是在 1.024 左右。当情况糟糕的时候，会降到 1.010 以下。这种情况持续大约一周，就会恢复……我感觉特别是当虾蛄浮在水面上的时候，下雨对它们会产生很大的影响。总之，虾蛄讨厌淡水。他们太弱了，所以我认为他们很难在东京湾生存。

在回答一位非专业人士的参加者提出的关于东京湾盐度及其对渔业影响的问题时，两位研究人员解释了没有“单位”的盐度的概念，然后由渔民 N 先生接手解释，用他自己在捕捞现场使用的单位说明了盐度值与虾蛄栖息地之间的关系。

看了这个交流，我认为它展示出了“小鱼咖啡馆”可能具有的潜力。

一种可能性是，从渔业实践和科学研究这两个侧面聆听故事，小鱼咖啡馆的参与者将能够更容易地描绘出事件的整体形象。如果把我们在学校学到的“科学知识”与 N 先生所说的“渔业知识”结合起来，我们就能对这一事件有一个更真实、更深刻的印象。相反，当根据渔业的经验来讨论一个在科学机制上仍不确定的现象时，会看清正在前进的“科学知识”未来需要探索的内容。这是一种可能性。

第二种可能性是为渔业工作者和研究人员提供一个通过交流知识进行对话的机会。对话意味着倾听对方的意见，并讨论和共享[9]。渔民的知识和研究人员的知识不一定一致，但通过接受这些差异和进行对话，这两类知识可以结合起来。

第三种可能性是，当有多个研究人员参与时，“小鱼咖啡馆”可以为不同领域的研究者了解沿岸资源环境的各个方面提供互相学习的机会。认知科学家佐伯胖[10]认为，每个学术领域都像一个手电筒，照亮“人类和他们的世界”，而“边界地带”和“跨学科研究领域”等则是需要我们各自重新审视该将“新手电”放在哪里才能照亮的新地带。

这正是小鱼咖啡馆的目标所在。通过使用多个手电筒，即具有共同波长的、来自不同学术领域（在虾蛄咖啡馆，是化学海洋学和资源管理）的“科学知识”的光线，来照亮我们各自擅长的领域。此外，还有一个名为“渔业知识”的手电筒照亮了多个学术领域中各自与渔业有关的领域，其波长与“科学知识”的波长略有不同。然后，参与者提出问题，像“激光束”一样凸显出某些问题。换句话说，这是一个我们同时听取科学家和渔民意见的地方，然后参与者加入进来，通过对话，大厅里的人们共同绘制出一幅沿岸资源环境的画卷。

5 为了让大家一起谈论大海和鱼

为了建立一个框架以探讨沿岸资源环境可持续利用的体制，一个通过对话互相学习的地方是必不可少的。在英国创办科学咖啡馆的人说，科学传播在过去十年里有了很大的发展，从“公众对科学的理解”转变为“公众对科学的参与”。正如“科学咖啡馆”试图将科学带回公众手中一样，我们希望“小鱼咖啡馆”成为帮助渔民、居民和其他人共同讨论和设想沿岸地区未来的第一步，而不是把它交给政府和专家。然而，为了做到这一点，我们需要思考如何将小鱼咖啡馆的对话继续下去，以及如何使它迈向下一步，而不是让它在这里结束。

当然，有些问题是“小鱼咖啡馆”本身必须克服的。其中之一是，参与者之间仍然没有太多的对话。在科学咖啡馆，我们期望参与者的讨论和研究人员的讨论一样多。研究人员向他们的听众介绍新的知识。然而，为了让这些知识沉淀下来，即“充分理解”或“变得清晰”，有必要对其进行咀嚼和重构，使其融入自己已有的知识。对话是加深和扩大从专家那里听到的内容的环节。在听和说的过程中，房间里的每个人都在努力将知识纳入自己的知识体系。很难说在有限的时间内能实现多少，但讲座和科学咖啡馆的最大区别就在于后者致力于实现这一目标。而小鱼咖啡馆还没有达到这个目标，或者说小鱼咖啡馆也仍在发展过程中。

第七章
阅读海边——从经验中学习

1 海边的冲突

沿岸地区丰富的自然资源和环境不属于任何人。因此，在资源和环境的使用和分配上很容易发生冲突，这使得保护和保全这些资源和环境变得困难。冲突是指“两个或更多的个人或集体行为者在某种资源问题上持有的目标不相容，并在此前提下进行互动的状态或情况”[1]。例如，渔民之间为争夺良好的渔场而发生的争吵，就是以同样方式利用海洋资源和环境的人们之间发生的分配冲突。

另一方面，在试图以不同方式使用资源和环境的人们和组织之间，也会发生冲突。例如，从经济高速增长时期到现在，渔民以及其他希望保护潮滩和浅海生物的人（居民、垂钓者、自然保护团体等）与希望促进沿岸开发的人（通常是政府机构和公司）之间一直存在冲突。

随着沿岸地区新用途的出现和开发力度加大，已经在使用（或保护）资源和环境的人与寻求新用途和保护方法的人之间也不断出现冲突。例如，捕捞鲍鱼和海胆等岩根资源的渔民与潜入海中的潜水员之间；经营有固定捕鱼季节的资源管理渔业的渔民与希望全年享受捕鱼乐趣的休闲钓鱼者之间；希望防止水禽因捕食而破坏藻场的海藻养殖者与致力于保护水禽的自然保护团体之间；或者，从更广泛的范围来看，河口附近的牡蛎养殖者和想在河的上游建一个大坝的政府之间等等，不胜枚举。

有望成为预防和解决沿岸地区冲突的最终手段的是第二章介绍的"沿岸地区综合管理"法。这一方法对沿岸地区各利益相关者协商制定的沿岸地区管理计划，以项目周期（计划→执行→评价→改善）的形式加以实施，以协调各利益方对沿岸地区的使用。自从1992年联合国环境与发展会议通过的"21世纪议程"行动计划明确提出这一方法后，"沿岸地区综合管理 "已成为一项国际要求。这也是实现2005年9月联合国可持续发展峰会上确定的与海洋相关的"可持续发展目标14"的指标[2]。

然而，近年来，有报道称"沿岸地区综合管理"运作并不顺畅。一份分析欧洲，特别是英国的"沿岸地区综合管理"的论文认为，国家政策和地方实施之间存在差距，原因有四点：沿岸管理中"责任的复杂性"使各机构无法采取协同行动；国家政府对地方当局的"政策真空"使地方上无法以综合方式处理复杂问题；"信息障碍"使人们难以实地获得必要的信息，以致科学家、决策者以及各机构之间难以协调；"缺乏民主"使沿岸利益相关者很少有机会参与决策[3]。另一篇论文认为，人们对于"沿岸地区综合管理"抱有过多幻想，例如圆桌讨论能解决所有问题、沿岸地区管理者（机构）只有一个、当地社区有能力进行"沿岸地区综合管理"、科学知识可以为沿岸地区管理提供正确的解决方案等等[4]。

许多人都承认需要进行"沿岸地区综合管理"。然而在现实中，正如前文所述，协商是必要的但不是万能的；参与沿岸区域管理的多个机构只致力于各自的管辖范围；不是所有的地区共同体都兼具管理能力；科学能阐明的东西是有限的，有时并不能直接适用于管理现场。要解决这些问题，体制设计和制度建设、提高沿岸区域不同立场者之间的互相理解及其管理能力等“基础设施建设”是今后的课题。

顺便提一下，在日本，2007 年颁布的《海洋基本法》和 2008 年制定的《海洋基本计划》中都有“沿岸区域综合管理”的内容，但目前尚未实施。

2 从冲突中学习沿岸地区管理

冲突管理技能

如果人们陷入沿岸地区资源和环境冲突的漩涡中，他们会怎么做？最好是有关各方能够讨论并就如何做达成一致。然而，在大多数情况下，争端一旦公开，通常就不容易调解。解决纠纷的谈判可能会旷日持久，导致有关各方之间的冲突加深，甚至会走上法庭，花费更长的时间来解决争议。

如果这个人参与了沿岸地区的使用管理——这里我想到的是沿岸管理部门、渔业管理部门的官员和渔业合作社的职员——他会首先尝试理清利益相关者及其关系。听取每一个相关方的意见，并找出谁对所涉及的自然资源和环境有什么权利和目标，以及在什么情况下出现了冲突。同时，我们将总结出适用于这种情况的法律和科学知识。然后，我们与应参与决策的正当的利益相关者及相关组织接触，并进行讨论，以协调使用和建立使用规则。如果能够开展这样一系列的工作，那将是最理想的。

然而，调查事实和讨论解决问题的过程离不开相关人员的合作。因此，参与沿岸地区使用管理的人不仅需要具有获得和分析信息以解决问题的能力，还需要具有获得他人协作以沟通协调问题的能力。换句话说，这是一种建立和运营论坛的技能，使具有不同利益和价值观的人和组织可以在这里进行协商。沿岸地区管理的人力基础设施建设意味着加强参与沿岸使用管理的人员的这些技能。

那么，我们应该怎样做才能实现这一目标？在本章中，我想介绍一下"案例教学法"，作为建立沿岸区域管理的人力基础的一种方法。案例教学法是一种合作学习的方法，例如，在课堂和培训中阅读过去的冲突故事，分析问题，并总结出经验教训和行为规范，以防止类似冲突的发生。美国管理学者彼得·圣吉在他的《学习型组织[5]》一书中说，对我们来说最好的学习是通过体验来学习，但我们无法直接体验最重要的一步——决策——所带来的结果。的确，我们无法体验未来。然而，我们可以通过与生活在当下的人们分享别人过去的经验，以及通过模拟该冲突来进行体验式学习。案例教学法就是这样一种方法。

从"经验知识"中了解冲突

我们试图从过去的冲突中学习的"知识"是什么？

冲突的某些方面是可以由关于事件的某些数据所揭示的，有些则不能。例如，以出口为目的的水产养殖，特别是虾塘的发展，被认为是东南亚红树林海岸大量消失的重要原因。如果我们能获得过去20年左右东南亚各国沿岸地区各种不同用途的土地面积、养殖虾产量和养殖虾出口量的数据（尽管这常常很难做到），便可以根据其长期变化和关联性来作出推断。这些数据和图表所显示的是客观、普遍和符合逻辑的"科学知识"。我们在学校学到的通常是这种"科学知识"，而在这个世界上，用"科学知识"解释事物被评价为"科学的"。然而，仅从"科学知识"上很难知道在砍伐沿岸红树林建造虾塘的过程中发生了什么，对当地人和社会产生了什么样的影响。

但是，如果我们读到以下关于泰国南部一个渔村的文章[6]，会怎样呢？

> 他仍然有很多事情需要担心。在岛的另一边，一个砍掉红树林后修建的虾池对村庄生活构成了新的威胁。
>
> 他说，这些池塘使用有毒的化学品来杀死幼虾养殖池里的鱼，然后将被污染的水直接排入该岛与大陆之间的运河。
>
> 有毒的水又杀死了不断减少的红树林沿岸运河中仅存的鱼类。
>
> “他们把鱼和红树林都抢走了。现在他们又在运河里投毒。我再也受不了了！”他哀怨道。
>
> （作者：艾卡柴，翻译：亚洲妇女协会，监制：松井弥依）
>
> 《开始诉说的泰国人：在微笑的阴影下》，明石书店

这篇文章所写的是沿岸地区一个作为个体渔民的“他”，在虾塘建造前后的经历，也就是他的“经验知识”。“他”在这里说的话直接表达了作为一个村民对建在那里的养虾池的看法。

与“科学知识”相比，话语所传达的“经验知识”是一个人在特定时间、特定地点、特定情况通过体验获得的主观知识。因此，它经常是被排除在客观的科学研究之外的知识。然而，正如本章开头的定义所提到的，冲突源于每个人的认知。因此，“经验知识”对于理解冲突的本质是不可或缺的。

我想再举一个例子说明口头讲述的“经验知识”的力量。

在我工作的大学里，我有时会上一门关于水俣病的课程。当我在上课前问学生时，他们中的大多数人都说，他们在高中以前就学习过公害问题，“知道”水俣病是因为食用被氮肥工厂的污水污染的水产品引起的。然而，这只是对过去发生的一种公害的碎片式的了解，而且似乎

没有任何真实的感受。在1956年水俣病被正式确认时，日本政府把经济增长放在最优先的位置。在这样的环境下，水俣病的受害者——其中许多是个体渔民——不仅遭受身体上的痛苦和经济上的困难，而且还遭受偏见和歧视。然而，如果我所讲解的东西不是我自己亲身经历的，也很难传达给学生们。

但是，当我在第一节课上，让学生们作为教材读了《水俣病的证词》[7]的一部分时，学生们的看法发生了变化。这本书记录了1996年在东京举行的"水俣－东京展览会"上水俣病受害者的演讲的证词集。该书由10名患者及其家属的证词构成，从1956年5月水俣病被首次正式记录在案（通知给水俣保健所）那天所写的《我的小妹妹得了"怪病"》，到后来水俣病的传播扩大，记录了受害者的生活以及他们的抗争等。

这门课程在结束时我会让学生们写"反馈表"，其中对读完"证词"后的感想，许多学生写下了他们对受害者在学校和社区所遭受的歧视，以及对政府在水俣病认证上的强硬逻辑所感到的震惊和愤慨。例如，一位女生这样写道：

"我再次深刻感到，本来那个时代家庭人数就比现在要多，在那种情况下，一个家庭中受到严重疾病影响的可不仅仅是一个人，而是好几个人，并因此受到精神损害，这是多么可怕的事情。我认为我们应该更认真地对待幼小的孩子在身体和精神上都受到如此伤害这个事实。"

这样的感想，仅从科学事实的罗列中是很难获得的。《水俣病的证词》中所揭示的"经验知识"是一个受害者在特定情况下的主观看法，但我觉得它具有触动人心的力量，能使人们超越时间和背景的差异从根本上对其产生共鸣。

哲学家中村雄二郎在他的《什么是临床知识》[8]一书中说，人们通过体验获得学习，不仅是因为经历了一些事情，而且还因为他们不可避免地从中遭受"被动"和"痛苦"。他还介绍了一句希腊格言"受苦即学习"。

这里的体验是一个具备“会活动的身体”的主体与他人之间的相互作用。当一个人遇到某件事情时，作为一个具有能动性的身体的主体，在接受他人行动影响的同时也在进行自己的行动。正因如此，经验也就成为与生命的整体性相联系的真实体验。

从冲突中学习就是不仅是通过知识，也通过体验和感受去了解别人经历过的东西。只有当我们对他人的经历有了共鸣性的理解，也就是“主体间性”[9]之后，我们才能真正理解冲突的本质。

3 用案例教学法进行冲突学习

案例教学法

案例教学法是美国在管理学和公共政策学的研究生教育中发展起来的一种教学方法。学生阅读关于过去实际发生的案例的叙述性教科书，并在教师的指导下合作学习。他们将自己置身于案件的叙事情境中，并进行角色扮演，模拟故事中发生的冲突。然后，在讨论时，他们分析所提出的问题，并思考如何防止或解决这些问题。另一方面，教员要为开展这一学习制定课程计划，准备分析所需的材料和数据。在实践案例教学法的过程中，讲师扮演着“编导”的角色，指导参与者的活动并为他们提供必要的信息。这样的教学方法旨在通过讨论和互动，使参与者能比单独思考时更深刻地理解事物，或获得解决问题的好主意，即所谓的“创发”[10]。

准备案例材料

首先，准备案例材料。

案例材料就像一个基于事实的小故事。被我敬为案例教学法大师的国际基督教大学教授毛利胜彦在他的课程里提到的教科书中，对案例材料有如下描述[11]：

> 案例材料是描述或基于真实事件或情况的故事。这是一个具有明确教育目的的故事，也是一个值得仔细研究和分析的故事。
>
> Lynn, L. E. Jr. “Teaching and Learning with Cases: A Guidebook”, Chatham House Pub.

没有体验过案例教学法的人可能很难理解案例材料。因为我经常会被问：“这就像一个案件的研究报告吗？”不，案例研究材料和报告是看起来相似却不一样的东西。

首先，目的不同。

报告的目的是用科学的方法，通过对某一主题的调查，澄清事实。其逻辑结构如下：调查目的、背景、方法、结果、讨论、结论。由于它是科学的，所以写作风格是基于客观主义—普遍主义—逻辑主义的“科学知识”三要素，并将合理得出的东西作为结论明确提出。自然地，主观性、感觉和感情被排除在外。因此作者不会出现在报告的正文中。报告中不太可能包含作者的感受，比如去实地调查时被拒绝采访而感到失望，在实地调查的地方吃到的食物很美味，或者回去时天已经黑了，有点害怕，这些都不可能出现在报告中。

另一方面，案例材料是对参与实际冲突过程的人物经历的叙述。写作风格可能是主人公“我”的叙述，也可能是第三方视角的报告文学风格。无论哪种方式，它都充满了人物的主观性和体验。有时候，数据或“科学知识”会被纳入文本中。其目的是让案例教学法的学生深入了解围绕案例的事实，并将其作为分析的数据。然而，案例材料的基调是对人物互动引起的冲突、猜疑、焦虑、不满、惊讶、悲哀和喜悦等人类情感的体验的叙述，也就是所谓的“经验知识”。

案例材料往往在没有揭示其中描述的事件结果的情况下结束。它们往往以“到底是什么地方出了问题？”或者“明天该怎么对那个人说呢？”等等案例的主人公分析问题或被迫做出决定的情景结束。其目的不仅是让学生了解案例中描述的冲突过程，还有让他们自己推导出结果或未来。

正因为如此，案例材料最好由熟知该案例并有明确信息（或教训）要传达给他人（和学生）的人撰写。如果案例教学法的指导者自己写案例，那么案例的目的就会很明确，案例教学法也会很容易进行，因为他（她）很了解内容。然而，这需要进行文献研究和对相关人员进行采访，还要在案例材料中融入足够的知识，才能经得起课堂上的分析，这需要大量的时间和精力。

在美国，案例教学法在专业研究生教育中很普遍，在互联网上可以找到经过第三方评审的高质量的案例材料和被称为教学笔记的教学指南数据库，按照程序申请下载后就可以使用。然而，由于案例材料是根据美国的社会背景用英语编写的，因此可能不适合在日语教学中使用。日本也已开始出版国际开发等主题的案例教材，但数量仍然很少。

当我想对一个事例使用案例教学法，又没有时间自行撰写案例教材时，我会使用报纸和杂志上的纪实报道，再用从其他来源——新闻、学术论文等——收集到的材料加以充实，使之成为案例材料。

4 案例教学法的实践

案例“炸药捕鱼”

让我们尝试一个简单的案例教学法。作为案例材料，我们选一篇关于菲律宾炸药捕鱼的文章（《东京新闻》，2006 年 9 月 6 日）。

炸药捕鱼是一种“破坏性捕鱼方法”，是指在海中引爆炸药，用网来收集因炸药冲击而浮上水面的鱼。因为它会破坏珊瑚礁，因此也被认为是珊瑚礁退化的原因之一。在炸药捕鱼中，渔民自己有时也会受到严重伤害，例如在用化肥制造炸药的过程中或在使用过程中发生意外而失去手指。法律禁止炸药捕鱼，但因为这是一种高效的捕鱼方式，因此据说在菲律宾和印度尼西亚现在仍然存在。

这篇文章是根据对事故发生地的渔村相关人员的采访写的。炸药捕鱼的背景是，由于鱼获量不足，渔民的收入正在减少。另一方面，水警和环保组织的巡逻越来越严格，使炸药捕鱼更加困难。

我把这篇文章作为沿岸资源环境系列案例教学法课程的导入篇来使用，想让学生思考菲律宾实行炸药捕鱼的渔村的情况，同时，让他们了解一下案例教学法。

我在这里介绍的五步案例教学法是基于我从毛利胜彦先生那里学到的方法。关于他如何使用案例教学法的更多信息，请参考他的著作[12]。

第 1 步：仔细阅读案例

案例教学法在学生们来到教室之前就已经开始了。案例教学法的基本前提是事先将案例材料分发给学生，让他们认真预习。比如向他们提供需要预习的知识和希望他们提前思考的问题，或者给他们布置报告作业等。

例如，在“炸药钓鱼”的案例中，我要求学生就以下问题写一份简要报告。

1. 用一段话概括这篇文章的内容。
2. 这篇文章中谁（或什么）处于什么情况？
3. 炸药捕鱼的优势是什么？
4. 炸药捕鱼的弊端是什么？
5. 如果你是本地区海洋保护区的管理者，你会采取什么行动？

此时，播放炸药捕鱼的视频将是眼见为实地展示炸药捕鱼的环境影响和危险性的一个好方法。

上月 27 日，一枚从前日本军舰上打捞上来的未爆弹在菲律宾吕宋岛的八打雁洲爆炸，五名渔民被炸死。据悉，这些渔民是想从未爆炸的炮弹中取出弹药，用于炸药捕鱼。这是一种被禁止的捕鱼方式，但在渔村的贫困大背景下，地下有组织的偷捕行为仍无法断绝。（马尼拉 青柳知敏报道）

瓶子里的炸弹

毗邻事故发生地八打雁的卡维特州罗萨里奥镇是一个渔港，受到水上警察的最高级别监视。这里的渔民们捕捞一种名为 Hasahasa（羽鳃鲐）的小型鱼类。大约 100 艘渔船在浑浊的海面上一字排开。上午捕鱼回来后，渔民们一起喝酒。他们会招呼我“一起喝吧”，但当我提到炸药捕鱼时，他们的脸色立刻沉重起来。

村里的小巷很窄，晾晒的衣物的水滴落在他们的脖子和背上。54 岁的罗伯托是一名渔民，当时在巷子里卖汉堡包。

他说：“今天是个糟糕的日子，我只赚了 100 比索（约 15 人民币）。我活不下去了，只能靠卖汉堡包来维持生计了。”罗伯托曾经是一个炸药渔民。

通常捕鱼的方法是乘船出海到离岸 15 公里处，用可触及海底的拖网捕鱼。但如此大规模的捕捞，渔获量却很小。“这就是为什么我们使用炸药。我们在海里引爆它，并收集死亡或被炸晕的鱼。”

这些炸药是自制的。将化肥加热，与市售药品混合，装入瓶中并装上导火线。把它扔进海里，在 8—10 米的深处引爆。同时配合使用探鱼器，可以捕到很多鱼。但当他看到一个同伴在爆炸中失去手时，他开始害怕并放弃了这样捕鱼。

“如果被抓住了，就会进监狱。（不用炸药捕鱼）我的收入会减少，但我的家人反对我继续那样做。”五口之家每天收入只有100比索。孙子睡觉的摇篮垫的不是被褥，而是硬纸板。

地下工厂

20世纪70年代，在马科斯政府时期，政府禁止所有炸药捕鱼。2001年9月美国“9·11事件”后，菲律宾被认为是东南亚恐怖组织的基地，政府加大了打击恐怖组织的力度。在一个案例中，一名正在制作炸药的渔民被认为是恐怖分子并被逮捕。

环境保护组织加强了海上巡逻，卡维特州沿岸的炸药捕鱼正在减少，但一位渔民仍然坚持认为，用炸药的渔获量是用网的几倍，即使是非法的，为了养家，他也别无选择，只能继续下去。

炸药工匠们也继续在地下作坊秘密装瓶。在距离罗萨里奥一小时车程的该州Tangsa海岸，最小行政区（Barangay）的负责人告诉我们：“他们在这条道路尽头的森林中制作炸药，他们有枪”。但当我告诉他我是在采访他时，他突然改口：“那是很久以前的事了。他们现在不做这些了”，并急忙退回到屋里。

森林附近的人问啥都说：“不知道。”当地人小声告诉我：“制作炸药的人要躲避警察，都拼了命。”“他们都有家庭，拼命要摆脱贫困。”

第2步：共同确认案例中所写的事实

接下来大家来到教室里，开始案例教学。

这个步骤的第一个目的是与房间里的每个人分享案例中陈述的基本事实。

教员首先向学生提问，以确定案例中的事实。这样做的目的是为了分享学生对案例故事的看法。

如预习课题 1 所示的“用一段话概括这个案例的内容”的问题，问的是案例中所写内容的本质。我要求几个学生在课堂开始时给出这个答案，并将其记录在白板上。学生们是如何解释这个案例的，包括他们之间的差异，将在这里得到揭示。在课堂结束时，我再次提出同样的问题，看看学生们对这些案例的看法在课前和课后有什么变化。

接下来，确认案例中描述的冲突发生的时间、地点和人物。这些是所谓 5W1H 的基本问题。

在确认“谁”的时候，不仅要给出人物的名字，而且要进行“参与者分析”。 这是为了考察人物和机构有什么属性，以及他们在问题及其解决中具有什么样的参与度和权力。此外，考虑相关人员之间的关系——例如，他们可能是合作的或对立的，或者他们可能是主导的或从属的——并绘制一个简单的社会网络的图示使我们在以后分析问题时更容易理解。

在炸药捕鱼的案例中，利益相关者可能包括“炸药渔民”“非炸药渔民”“水警”，以及尽管没有出现在案例中，但作为潜在利益相关者的“环境保护团体”。我要求参与者尽量利用案例中的信息，有时也利用他们的想象力，可能具体地描述他们的年龄、职业、家庭结构等，并在白板上写下来。在这个时候，也可以根据对资源使用的依赖程度和管理权限来进行分类。之后，我们分析相关人员之间的关系。例如，你可以在参与炸药捕捞的人之间画一个相关图，在相关人员之间画上线，并在线旁写上“监管”“合作”等关键词。通过这种方式，我们可以一目了然地掌握相关人员或组织与炸药捕鱼之间的关系。

当问及这个案例发生的时间时，我建议采用“时间轴分析法”，即在白板上画一条时间轴，要求参与者根据时间的推移排列案例中的事件。时间轴分析是一个与所有参与者分享案例故事的过程，可以看到什么情况是以什么顺序在什么时候发生的。建立一个明确的时间轴是有用的，因为它为接下来的讨论提供了一个共同的基础。

请注意，我在这里没有问"5W1H"中"为什么"和"如何"的问题。这些是为下一步工作特意保留的。

第 3 步：解决有关案例的疑问

在第 2 步中，参与者分享了案例的基本事实。然而，还没有解决他们预习该案例时产生的疑问。这些疑问可能仍然像一团乱麻般存在于参与者的脑海中。如果这种模糊性得不到解决，就不能说是真正分享了事实，也不可能深入到案例中描述的情况。因此，在第 3 步中，教师会通过鼓励学生提出并回答问题来解决这种困惑。例如，在关于炸药捕鱼案例的课堂上，学生可能会提出这样的问题：用炸药捕鱼可以捕到什么样的鱼？用炸药炸死的鱼在市场上能否卖掉？等等。

第 2 步和第 3 步的目的是在所有参与者之间分享知识和认识，换句话说，是为案例方法打下基础。每个参与者根据自己的知识和价值观来解释事物。然而，每个人的知识和价值观并不完全相同。因此，即使他们阅读了相同的案例，也不是所有的参与者都会得出相同的解释。如果没有互相共享的话，大家在分析案例或提出想法时就无法顺畅地交流。因此要分享知识和认识。这两个步骤非常重要。

第 4 步：对案例进行合作分析

在分享案例中的事实后，参与者根据教师提供的框架合作分析该案例。这是第 2 步中保留的"为什么"和"如何"问题发挥作用的地方。

在炸药捕鱼的案例中，学生们在预习课题 3 和 4 中被问及炸药捕鱼的优势和弊端。换句话说，问题是"为什么用炸药捕鱼"和"为什么不用炸药捕鱼”。思考案例故事的核心问题是什么，围绕问题画出因果结构图（被称为问题树或问题系统图）也是一个好主意。也可以对画出的因果关系进行逆向追踪，找到解决问题的方法。

如果案例的故事以人物必须做出决定的场景结束，你可以问：“你会如何做出决定？”你可以从一个共同的前提或规范开始（例如，“破坏珊瑚是错误的”），然后根据这个前提或规范来讨论每个选项的合理性、道德性和可行性。炸药捕鱼案例的预习课题 5，“如果你是本地区海洋保护区的管理者，你会采取什么行动？”就是这样一个问题。还可以问学生需要什么来使行动有效，例如，需要一艘高速巡逻艇来监测炸药捕鱼，由渔民制定捕鱼规则，或者需要一个市场体系来保证鱼的最低价格等。对于每个行动，可以进行成本效益分析或 SWOT（优势 – 劣势 – 机会 – 威胁）分析。

第 5 步：从案例中总结出意义和教训

在案例教学法的最后，总结出故事的意义和教训。在此我们再次向学生提出预习课题 1 的问题，“用一段话概括这篇文章的内容”。这时，他们通常会写出比白板上所写的第一个答案更贴近案例本质的文字。有时，他们也会写出超越案例故事本身的更具普遍性的意义和教训。

5 案例教学法的现状

案例教学法不仅对教学有帮助，还可以用于让同伴们一起思考现实生活中发生的事件。例如第四章开头介绍的东京海洋大学江户前可持续发展教育委员会的失败故事，我也将它写成了一个简短的案例研究，我们在一个研讨会上用它来反思我们的活动。

案例教学法是一种很好的学习方法，可以从经验中学习知识，同时也可以在实践中训练分析和判断能力，但在日本，用它来学习沿岸区域管理还存在一些问题。

最令人烦恼的问题就是，我们几乎没有海岸冲突案例的资料。在这种情况下，我们需要寻找可以替代案例材料的纪实文学作品。炸药捕鱼就是这样一个例子。然而，要找到这样的材料也不容易。在这种情况下，可以试一下不局限于书面文字，找一下电影和电视纪录片等视觉作品。充满现场画面和人物互动的视频作品可以将学生带入故事中，有时候比书面案例材料更有临场感。然而，与新闻报道和纪实文学一样，视频作品作为教材，有时信息会不够充分或不够准确，或者可能偏向体现节目制作者的意图。这是需要注意的一点，所以我们对照文献补充或纠正其信息，或者通过同时提供不同立场和观点的视频作品和文本，让学生不带偏见地获得信息，从而能够把握问题的全貌。当然，也可以先写出案例材料的概要作为教材，再用视频作品来展示具体的例子。

在使用视频作品时，最好在中间暂停播放视频，与教科书案例材料一样，不要向学生展示故事的结局。也是让学生看到故事中人物必须做出决断的时候就停止播放，请他们列出可能的选择，并询问他们应该根据怎样的价值观和规范做出决定。

案例教学法的另一个挑战是教师本身。

案例教学法的教师需要具备管理信息和促进讨论的引导能力。在一本著名的工商管理书籍中说，案例教学法“在一个有能力的教师手中非常有效”[13]。相反，在一个不称职的教师手中，案例教学法可能会成为一门仅仅是照本宣科的课程。那样的话，该课程的最初目的，即以生动的方式模拟过去的事件，就无法实现。有些人天生就有掌控课堂的天赋，但对于那些不具备这种天赋的人来说，唯一的办法就是通过经验提高他们在案例教学法教学方面的技能。在这个意义上，使用案例教学法开展教学的教员可能自身也需要接受案例教学法实践训练。事实上，我购买的第一本日语案例教学法书籍就是一本叫作《通过案例教学法学习案例教学法教学》的教科书[14]。

个人认为，衡量案例教学法的成败，要看学生在多大程度上融入案例的故事中，设身处地地成为其中的人物，讨论和思考案例。被案例故事吸引的参与者之间的讨论是富有激情的。当这种情况发生时，我会在一旁窃喜。而当学生们只是跟着案例材料的文字走、显得很无聊或者讨论一点都不激烈时，我就会有如坐针毡的感觉，觉得很失败。但奇怪的是，即使我觉得自己很失败，我在做案例教学法时也总会获得某种灵感或发现一些新的东西，每次都会有这样的时刻。想到这里我会获得一些救赎。在案例教学法中，教员也在不断学习。

思想家鲁道夫·斯坦纳（Rudolf Steiner）说过："历史是我们要将作为个体已经历的事件与尚未经历的明天联结起来以发挥某种作用时所谈论的东西。"[15]借此，案例教学法也可以说是一种"将我们作为个人所经历的与我们尚未经历的明天联系起来的学习方法"。为了充分利用这种方法，教师也需要修炼和准备，这是我在实践中深刻感受到的。

第八章
对海边的疑问——大家共同思考的海洋问题

1 谈谈磐城的海和鱼

星期六下午，40 多个身着日常衣服的人陆续聚集到位于磐城市的福岛县水产会馆一楼的会议室里。下午一点半，福岛县磐城市水产振兴室的工作人员河野拓马先生走上前去，像往常一样向大家打招呼。

“大家好，非常感谢你们在繁忙的工作中抽出时间来这里。”

这是“谈谈磐城的海和鱼——磐城科学咖啡馆”的开始。

从 2011 年 11 月到 2014 年 3 月，“磐城科学咖啡馆执行委员会”在每个星期六举办磐城科学咖啡馆。“磐城科学咖啡馆执行委员会”是由福岛县，特别是磐城市的渔业相关人员组成的，包括磐城市渔业合作社、小名浜机船船底拖网渔业合作社、福岛县渔业合作社联合会、福岛县水产事务所、磐城市农林水产部水产振兴室（当时）、福岛县水产试验场、磐城市中央批发市场、磐城市水产加工业联合会、福岛海洋馆、磐城海星高中和东京海洋大学江户前ESD协议会。

该委员会成立于2011年9月，在福岛第一核电站发生放射性物质污染事故约六个月之后。当时，政府和研究机构公布了他们对放射性物质的调查结果，但仍然没有关于福岛县的沿岸渔业是否可以恢复运作等对未来的预计。 因此，为了创建一个交流信息和讨论福岛县磐城的海洋、鱼类和渔业状况的场所，磐城科学咖啡馆执行委员会成立了。

磐城科学咖啡馆的官方宗旨，借用河野先生常用的开场白里的话来说，是这样的：

成立磐城科学咖啡馆的目的是帮助我市的核心产业——渔业，特别是已经被迫停止运作的沿岸渔业等，从目前的严峻形势中迈出一步，同时为与海洋和渔业有关的各种背景的人提供一个分享信息、讨论和思考我市海洋、鱼类和核能的机会，是在东京海洋大学的合作帮助下开展的。

住在海边，就有受海潮和海啸袭击的风险。东日本大地震甚至造成核电站因海啸而发生事故，导致大量放射性物质泄漏的情况。陷入灾难的沿岸社区在恢复正常生活之前必须面对一系列的障碍。

一个共同体在解决问题的过程中，人们会通过分享信息和知识，并反复讨论，不断碰撞彼此的分歧，试图找到并选择最佳解决方案。这样一个通过合作学习的过程被称为“社会学习（social learning)”。借用环境管理学文献中的一个定义，它是“与他人分享经验和想法时发生的持续反思的过程”[1]。社会学习作为包括森林、农田和海岸管理等在内的所有区域管理的基础，是一个近年来被广泛认可的概念。当然，这不仅仅是交流的问题。社会学习是指在一个问题上不一定有相同利益的人敞开心扉讨论某个问题，并以建设性的思维共同解决这个问题时，所产生的知识创造。

在本章中，我想通过福岛县磐城市水产相关业者面对放射性物质污染海洋的情况而发起的“磐城科学咖啡馆”这一事例来讨论一下社会学习的意义。

2 福岛县浜通地区的渔业和电力供应业

福岛的海岸线

首先，让我们看看福岛县的沿岸是什么样子。

如果你在地图上看一下东北的太平洋海岸，你会发现以宫城县的仙台湾为界，北部和南部的海岸线形状截然不同。从仙台向北，海岸线经过盐釜、松岛、石卷，在海迹湖·万石浦所在的牡鹿半岛向南环绕，然后转向北方，弯弯曲曲地刻画出许多小海湾，以岩手县的重茂半岛为顶点形成一个弧形，延伸至下北半岛。陆中海岸是一个里亚斯型海岸，两旁遍布着以渔业闻名的市镇，在无数的小海湾里进行包括牡蛎、裙带菜和扇贝养殖等在内的沿岸渔业。

另一方面，从仙台向南穿过阿武隈川到福岛县的海岸线则要平缓得多。海岸线略微隆起，从新地町、相马市、南相马市、浪江町、双叶町、大熊町、富冈町、楢叶町、广野町到南端的磐城，平稳地向下延伸约 139 公里。福岛县的沿岸地区被称为滨通地区。在滨通地区与福岛市和郡山市所在的内陆中通地区之间，是海拔 500 至 1000 米的坡度平缓的阿武隈高原。发源于阿武隈高原的真野川、新田川、请户川、熊川、富冈川、木户川、夏井川和鲛川，向东部的滨通地区流下，最终流入太平洋。从福岛县海岸向太平洋望去，大陆架延伸到海上，开阔的北部沿岸约有 60 公里、狭窄的南部约有 30 公里，都是水深 200 米以下的浅海。

沿岸渔业繁盛的滨通地区

滨通地区拥有得天独厚的浅水区，使用小型渔船进行的沿岸捕鱼业非常繁盛。根据地震前的 2010 年 3 月出版的《福岛县水产要览》[2] 介绍，2008 年海洋渔业经营体数量为 743 家，其中 615 家从事沿岸捕捞。在 865 艘渔船中，13 艘（1.5%）为无动力船，237 艘（27.4%）有舷外马达，533 艘（61.6%）为 10 吨以下的动力船。2007 年，该县的海洋渔业产量为 10 万吨，价值约为 198 亿日元，在全国排名第 21 位，并不处于领先地位。但是，如果我们简单地除以 2006 年的渔业经营体数量（788 家），则每个经营体的产值为 2513 万日元，是很不错的。

福岛县的沿岸渔业分为县北部的相马 – 双叶地区（简称相双）和县南部的磐城地区。相双地区包括新地（新地町）、相马原釜、松川浦、松川和矶部（以上都在相马市）、鹿岛（南相马市）、请户（浪江町）和富熊（富冈町），其中相马原釜地区的经营个体数和渔获量在县内最多。相双地区以使用底拖网和刺网的沿岸渔业而闻名，也捕捞售价较高的鱼，如比目鱼、牙鲆（牙片鱼）和六线鱼等等。在福岛县水产试验场相马分站（当时称为松川浦分站）工作多年的水野拓治先生，自豪地描述该地区在地震前是“一个非常有活力的渔村，是日本数一数二的沿岸渔业基地”。

另一方面，在南部的磐城地区，小名浜港和中之作港以捕捞鲣鱼和秋刀鱼等洄游鱼类而闻名。还有久之浜、四仓、丰间、江名、小浜、勿来等地区也有其他各种渔业，例如捕捞大眼青眼鱼、比目鱼和牙鲆等底层鱼类的底拖网渔业、用耙子拖网捕捞北极贝的拖网渔业、通过潜水进行捕捞的鲍鱼和海胆渔业，以及捕捞银鱼和玉筋鱼（银针鱼）的船拖网渔业等等。

电力产业——滨通地区的另一个行业

福岛县滨通地区的另一个身份就是首都圈的能源供应基地[3]。战前，在常磐煤田开采的煤炭被运往首都圈，支持了京滨工业区的发展。战后，1957年，使用常磐煤田开采的煤炭，勿来火力发电站（常磐共同火力株式会社）开始运行。此后，为了应对首都圈沿岸地区工业化和人口集中所带来的日益增长的电力需求，以及灵活应对燃料政策的变化，一些输出功率在100万千瓦以上的大型火力发电厂相继建成，电力供应业成为滨通地区的主干产业。

特别是，核电站的引进对该地区经济产生了巨大的影响。在滨通地区北部和南部的磐城和相双地区之间的双叶町、大熊町、楢叶町、富岡町，有东京电力福岛第一核电站（第一原发）(6台机组，470万千瓦）和第二核电站（第二原发）(4台机组，440万千瓦)。日本一直把推广核电站作为一项国策，并以1974年颁布的《电力资源开发促进税法》《促进电力资源开发措施特别会计法》和《发电设施周边地区整备法》这三部电力法，建立了将利润返还给核电站所在地区的制度。这个系统带来的“核财政”支持了核电站所在城镇的财政。例如，有一个显示地方政府财政实力的指数叫财政力指数[4]，这个指数越高则说明该地区越富裕。大地震前的2010年度福岛县的城镇之中，县政府所在地福岛市的指数为0.73，县的经济中心郡山市为0.77，滨通地区最大的城市磐城为0.68，而大熊町为1.40，楢叶为1.04，富冈町的指数为0.89，双叶町为0.81[5]，核电站所在地的城镇指数都较高，可以看出他们财政的充裕程度。

3 核电站事故后的福岛县渔业

放射性物质对海洋的污染

在东日本大地震之前，福岛县的滨通地区在沿岸渔业和核电站相关产业这两个具有不同特点的产业之间保持了平衡。但海啸、随后的核电站事故和放射性物质带来的污染彻底改变了这种平稳的格局。

东京电力公司对核电站事故中放射性物质泄漏的过程描述如下[6]：

> 由于2011年3月11日在日本东北地区发生的太平洋海域地震以及伴随地震发生的海啸，东京电力公司福岛第一核电站1至4号机组失去了所有动力。因此，在没有电力的情况下，地震发生时正在运行的反应堆无法冷却燃料的状态持续了很长时间。2号机组反应堆压力容器出现破损，1号和3号机组建筑物被反应堆中产生的氢气爆炸严重损坏，4号机组由于定期检查而没有运行，但建筑物被3号机组流出的氢气损坏，大量的放射性物质泄漏到环境中。
>
> 引自东京电力公司网站

泄漏的放射性物质主要通过三个途径进入大海。首先，释放到大气中的放射性物质落入大海。第二，从大气层落到陆地上的放射性物质顺着河流和其他水体被带入大海。最后，放射性物质从核电站直接释放或泄漏。东京海洋大学的神田穰太教授测量了放射性物质在海洋生态系统中的分布情况，他说，关于能够显示核电站事故影响的放射性物质铯137，有3.5×10^{15}贝克勒尔被直接排入大海，而释放到大气中的13×10^{15}贝克勒尔中大约80%后来落入大海，因此可以认为总共约有14×10^{15}贝克勒尔的铯137被排放到了海洋环境中[7]。

自觉停止捕鱼、紧急环境辐射监测和试捕

之后海里的放射性物质怎样了呢？

在接下来的几个月里，福岛县沿岸海水中的放射性物质浓度（不包括核电站港湾内的区域）下降到几乎无法检测到。显然，福岛海岸线的单调性和它在太平洋上的位置使放射性物质迅速迁移并扩散到外海。

然而，放射性物质的痕迹深深地留在了海洋生物的身上。

2011 年 4 月，在福岛县沿岸监测期间捕获的玉筋鱼中检测到极高浓度的放射性铯。可以认为，放射性物质从海水和海床土壤中被带入海洋生态系统，污染了鱼类和贝类。因为这件事，首相指示各县知事（相当于我国省长）根据《原子能灾害对策特别措施法》限制玉筋鱼的运输和消费。

从地震发生后直到 2016 年 9 月，福岛县沿岸的渔业始终未恢复到灾难之前的正常运作水平。地震刚发生后是由于海啸造成的损失和核电站事故造成的混乱，再之后是由于检测出鱼类中的放射性物质，所以所有渔民都自觉停止了捕捞。

不过，在此期间，福岛县的渔业一直在为恢复和重建做出各种努力。让我们来看看这个过程。

2011 年 4 月，5 级及以上的余震仍在持续，沿岸渔民担心水产品被放射性物质污染，便捕捞了鱼，将它们带到福岛县水产试验场，请工作人员进行放射性物质检测。这标志着福岛县持续至今的“水产品紧急环境辐射监测”（以下简称“监测”）的开始。从那时起，福岛县水产试验场每周对约 200 个鱼类和贝类样品进行放射性物质检测，并在其网站上公布结果。截至 2016 年 8 月 31 日，检测的鱼类和贝类共有 185 种，共 38010 个样品[8]。

对于安全性已经通过福岛县水产试验场的数据积累得到确认的鱼贝类，由福岛县渔业合作社联合会牵头对其进行“试捕”。“试”这个词

经常被误解，它的意思并非测试看是否能在捕获物中检测到放射性物质。据福岛县水产事务所的根本芳春先生说，试捕是指针对基本未受放射性物质影响或者已经确认放射性物质浓度随着时间推移已明显下降到几乎检测不到的鱼类，进行小规模的捕捞和销售，并调查它们在销售场所受到的评价，这是一项水产品流通监测工作，旨在为恢复渔业获得基本数据。

毋庸置疑，渔业作为一种生计和产业得以成立，需要渔获物可以出售。因此，恢复沿岸渔业不仅需要恢复捕鱼作业，还需要重建水产品食品系统，即从渔获物的流通到销售的一系列流程。然而，在东日本大地震之后，暂时停止沿岸捕捞的福岛县的水产品自然不再在市场上出售。因此，每个中间商在震灾前拥有的分销和销售渠道也被打乱了。即使渔场重新开放，也不能保证鱼能通过与震灾前相同的渠道流通到市场，更别说是在受到放射性物质污染后。不言而喻，在恢复流通方面会有很大的困难。因此，试捕是一种一点一点探索的努力。

试捕是通过以下四个阶段的协商慎重决定的。首先，渔民和经销商讨论已确认安全的鱼种的捕捞和流通体制。接下来，成立一个地区试捕研究委员会，在区域内达成共识。然后，渔民、消费者、经销商的代表与专家和政府机构在福岛县地区渔业复兴协议会进行讨论，最后，在县内渔业合作社负责人会议上决定试捕计划。

渔业合作社为开展试捕工作，在鱼市场安装了检验设备，并根据县渔业联合会编制的检验手册建立了自我检测系统。试捕工作开始后，来自渔业合作社的训练有素的工作人员对捕获的水产品进行取样，并对其进行放射性物质的检测，然后在检查合格的鱼上贴上检查证明，交给大地震后结成的中间商协会。

2012 年 6 月，相双渔业合作社在东日本大地震后对北太平洋巨型章鱼、栗色蛸和白线卷贝（Buccinum isaotakii）（在浅海捕捞到的螺贝）

进行了首次试捕。2013年10月，磐城市渔业合作社也开始试捕。从那时起，在更大的区域和更多的鱼种上进行了试捕，截至2016年9月1日，已经对83种鱼和贝类进行了试捕[9]。由于管理严格，2015年的渔获量只有震前水平的5.8%。刚开始这些鱼被运往县内和周围有限的几个市场，而2016年9月，这些鱼已销往筑地和东北、关东、中部和北陆地区的许多其他县。虽然听说销售情况很好，但福岛县渔业相关人员最担心的是，当渔获量增加并与其他地区的同类水产品竞争时，福岛县的水产品是否能维持价格。

就这样，在2011年3月11日的海啸造成的所有人身伤亡、沿岸设施损坏、核电站事故、放射性物质泄漏、海洋污染以及在水产品中检测出放射性物质等令人痛苦的困难情况下，福岛县水产业相关人员一直在直面放射性物质造成的损害，并努力寻找恢复的方法。这一重启渔业的努力得到了约40名福岛县水产工作人员和鱼贝类资源量推定及渔业管理专家的全力支持。自核电站事故以来，他们一直在学习有关放射性物质的知识，在海上监测水产品，分析数据并以通俗易懂的方式解释结果，作为水产业普及指导员为所在地区的渔民提供咨询，并制定试捕计划。福岛县的水产职员承担了为水产业相关人员重建渔业提供“科学知识”的职能。

4 磐城科学咖啡馆

2011年5月：对生态系统中的放射性物质进行调查

磐城科学咖啡馆最初开始的契机是东京海洋大学训练船“海鹰丸”对福岛海岸的海洋生态系统进行的第一次调查。

故事要追溯到2011年5月。东日本大地震已过去一个半月，各部门和机构已开始监测空气和海水中放射性物质的浓度。然而，关于这些碎片在海洋中的分布情况、海底地形因地震和海啸而发生的变化，以及最重要的、放射性物质在海洋环境和海洋生态系统中扩散的范围和程度，几乎都一无所知。此外，尽管每次在玉筋鱼及其他鱼贝类中检测到放射性物质都会成为大新闻，但对环境中的放射性物质有多少转移到了海洋生物体中却一无所知。

大约在那个时候，福岛县水产试验场的研究员平川直人先生带着我在磐城市沿岸走了一圈，从小名滨开始，到南部的小滨、勿来，然后到市内北部的中之作、江名、丰间和久之滨。当时，在东京听到的关于福岛的新闻可能只关注核事故和放射性污染。然而，海啸在福岛县造成的损害，特别是在该县北部的相双地区到磐城地区的北部，也是毁灭性的。在滨通地区，在东日本大地震中“直接死亡”的人数高达1604人[10]。在久之滨，海啸之后甚至发生了一场大火。当我在丰间的海滩下车，站在海边一块完全夷为平地的土地上时，平川先生对我说：“你可能会认为因为这里是在农村所以什么都没有，但其实，这里曾经是一个住宅区。”我听后无言以对。

我当时访问的福岛县水产试验场场长五十岚敏先生向国家和县政府呼吁监测海洋生态系统的必要性，他说：“如果我们不对海水，还有海中的生物，包括浮游植物、浮游动物和海藻等进行整体监测，消费者的担忧就不会消失。”有多少放射性物质积聚在海底的淤泥中，又有多少被转移到海底生物——如海星和贝类中，还有，放射性物质是如何影响浮游植物→浮游动物→小鱼→大鱼这条食物链的呢？这项调查便是要检测进入海洋的放射性物质进入鱼贝类的途径和比例。然而，福岛县水产试验场的调查船磐城丸号已在海啸中沉没，福岛县水产试验场没有能力单独进行研究。

另一方面，东京海洋大学（以下简称海洋大学）的石丸隆教授正计划用该校训练船海鹰丸（总吨位1886吨）进行观测，作为该校开展的复兴支援项目的一部分。专门研究浮游生物的石丸教授也认为，不仅要测量有用的海洋生物中的放射性物质的浓度，而且要弄清楚放射性物质在海洋生态系统食物链中的转移情况。然而，东北地区三个县的大部分沿岸已被海啸破坏，在无法掌握被毁港湾内瓦砾情况的混乱中，无法找到愿意合作开展观测航行的港口。石丸教授把这个事情告诉了我，我告诉他，他和福岛县水产试验场的五十岚厂长有同样的想法，所以建议他跟五十岚先生聊一下。

因此，在 2011 年 5 月中旬，我在石丸教授和平川直人先生的向导下，再次访问了位于磐城市小名滨的福岛县水产试验场。这是石丸教授和五十岚场长的第一次会面，他们就福岛的海洋生态系统研究进行了热烈的讨论。熟悉福岛海域的五十岚对石丸教授提出的利用海鹰丸进行海洋生态系统观测的计划提出了详细的建议。以此为起点，福岛县水产试验场和海洋大学开始对海洋生态系统中的放射性物质分布进行联合研究。

因此，在 2011 年 7 月初，由海洋大学和福岛县水产试验场的研究人员、学生和工作人员共 35 人组成的海鹰丸 UM-11-03 号紧急航班从福岛县海岸到沿岸地区进行了观测。观测的目的是测量整个生态系统中放射性物质的分布，调查渔场环境（瓦砾碎片的散布、水的浑浊度等），并进行福岛县水产试验场的调查船磐城丸号在地震前每月都会进行的北纬 37 度定线观测（regular line observation）。由于当时完全没有关于放射性物质在福岛沿岸大气、海水和底泥中分布的信息，所以作为本次航行首席研究员的石丸隆教授、专门从事化学海洋学研究的神田穰太教授和海洋大学放射性同位素设备的技术官员伊藤友加里老师等为本次航行做了精心准备，以确保船上人员的安全，并防止船上和船内的放射性污染。这之后，有多所日本国内外的大学和研究机构在福岛沿岸进行海洋观测，追踪放射性物质的移动，而海鹰丸紧急航班是最早的一次。

“刚才说的话能给渔民也讲一下吗？”

2011年9月，在海鹰丸紧急航班之后，石丸教授在福岛县水产会馆向磐城市渔业合作社的理事和审计人员做了关于海鹰丸号紧急航行的报告。报告结束后，一直静静地听着报告的捕捞海胆和鲍鱼的渔民、下神白鲍鱼捕捞合作社的负责人马木佑一先生开口说：“刚才说的话能给渔民也讲一下吗？”马木先生的这一发言成为我们举办磐城科学咖啡馆的直接契机。

受这句话的启发，我们东京海洋大学江户前ESD协议会（石丸教授也是该会的共同主席）向磐城市渔业合作社的执行董事吉田和则先生提议举办科学咖啡馆，探讨海洋、鱼类和放射性物质的问题。吉田先生欣然同意，说：“就这么办吧！”当我回到福岛县水产试验场，把这个想法告诉五十岚先生时，他表示：“福岛县水产试验场会提供全力支持。”

然而，为了定期举办“科学咖啡馆”，需要一个办事处。由于科学咖啡馆是在磐城举行的，所以办事处最好设在磐城。然而，渔业合作社忙于各种手续，如地震后合作社的管理、成员的保险和赔偿等等，而福岛县水产试验场则忙于处理放射性物质，也无暇管理运营科学咖啡馆。我们遭遇了瓶颈。

然而，当我们第二天访问磐城市政厅时，问题很快就得到了解决。磐城市农林水产部的水产振兴室同意担任科学咖啡馆的办事处。水产振兴室的小岛诚一先生和本章开头提到过的河野拓马先生这对年轻的组合迅速行动起来，与磐城市的渔业相关组织接触，如渔业合作社、水产品加工联盟和磐城中央市场，还有研究和教育机构，如水族馆和水产高中等。在他们的支持下，我们组织了自愿组织——磐城科学咖啡馆执行委员会。

就这样，第一届磐城科学咖啡馆于2011年11月20日举行。在第一次会议上，福岛县渔业合作社联合会主席野崎哲先生谈到了东日本大地震后磐城市渔业的情况，石丸教授谈了对福岛县沿岸放射性物质分布的监测结果以及它们向海洋生物的转移途径。当时，与会者提出的问题包括：尽管他们非常关注放射性物质污染，但关于海洋的信息并不多；他们不知道辐射对食物有什么样的影响；他们不了解核电站废水的实际情况。磐城市渔业合作社负责人矢吹正一先生在咖啡馆活动临近结束时说的话可以说概括当时渔业从业者完全看不清未来的焦虑和沮丧："我们想知道我们什么时候可以恢复捕鱼。"

第一场咖啡馆活动结束后，组委会工作人员对内容进行了回顾，确定了磐城科学咖啡馆的基本内容，即由福岛县水产试验场的监测人员在前 20 分钟汇报监测进展情况，然后由当天的嘉宾发言。咖啡馆活动举行几次之后，两三个年轻的福岛县水产工作人员开始试着在便利贴上写下要点，贴在白板上，边听嘉宾的发言边制作"故事地图"。然后，与会者被分到大厅里的五张桌子，坐下来分享他们对刚听过的故事的看法，把它们写在便利贴上，贴在仿牛皮纸上。这样，磐城科学咖啡馆的形式便固定下来了。

在这五张桌子上，福岛县水产办公室的根本芳春先生、鹰崎和义先生和山乃边贵宽先生，福岛县水产试验所的早乙女忠弘先生、伊藤贵之先生、水野拓治先生和平川直人先生，以及作为主要监测报告人的福岛县水产工作人员，如藤田恒雄先生和神山享一先生等必定在场，来促进讨论，也就是做主持人。每次咖啡馆活动后，执行委员会的工作人员都会举行一个小时左右的"反思"会议。

在 2011 年 11 月至 2014 年 3 月期间，磐城科学咖啡馆共举办了 28 次咖啡馆活动。每年有三次咖啡馆活动在别的地点举行，如福岛海洋馆和海洋大学，形式也会略有不同，但大部分时间是在磐城的福岛县水产会馆的会议室举行。嘉宾有远道而来的国家研究机构和大学的研究人员，也有在该市从事水产品流通和加工的人员。演讲的主题丰富多彩，从自然科学到水产品流通，也有水产品和放射性物质以及地震后磐城市的渔业情况等。听完他们的演讲，大家再进行圆桌讨论。每场会议约有40人参加，其中大部分是在组成磐城科学咖啡馆执行委员会的组织中工作，但也有磐城市议会的议员、渔业合作社的干部以及磐城市和首都圈的市民。

挑战在于如何向社会传达

在磐城科学咖啡馆成立后的两年半时间里，我们举行了两次研讨会，由全体工作人员和参与者对咖啡馆活动到那时为止的情况进行了反思。在此，我想介绍一下2013年10月和11月举行的“反思”研讨会。

自第一次科学咖啡馆活动以来，两年过去了，一些工作人员开始觉得，咖啡馆活动已经陷入了参与者都是相同面孔的困境。经过讨论，我们决定在2014年3月停止这项活动，并考虑下一个项目。因此，在2013年10月和11月，我们举行了两次“反思”研讨会，请参与者回顾到目前为止咖啡馆活动的内容，并提出“需要继续下去的内容(Keep)”“问题（Problem)”和“尝试（Try)”，以这样的方式进行了参与式评估。

在这里，包括工作人员在内的许多参会者对福岛县水产试验场监测水产品中放射性物质的进展报告给予了最高的评价，大家认为“需要继续下去”。如上所述，福岛县水产试验场在渔民的配合下，从2011年4月开始检测水产品中放射性物质的浓度。来自福岛县水产试验场的代表出席了每次咖啡馆活动，并解释了福岛县沿岸地区放射性物质的变化情况，展示了按海域、鱼种和时间趋势整理的图表。这与福岛县渔业合作社负责人在与福岛县渔业决策相关的官方会议上听取的报告是相同的内容。这种说明非常容易理解。此外，由于当时在监测过程中每周都有超过150个标本被检测，所以数据也不断增加，关于海洋环境和水产品中放射性物质趋势的解释也更加令人信服。随着活动的进行，参与者在磐城科学咖啡馆早期常常会提出的有关放射性物质的问题减少了，这便是因为每次都有相关的细致报告的结果。

监测进展报告受到欢迎，于是许多人提出意见：他们希望这些信息能更广泛地传播给社会。福岛县的网站上公布了监测的进展。然而，参与者，特别是年轻一代，希望主办方能更积极主动地，并以公众更容易看到的方式，如通过社交网络服务传播这些信息。

5 关于海洋的社会学习

已经举办了两年半的“磐城科学咖啡馆”是一个与旨在恢复渔业的正式会议完全不同的自愿的集会。在这样非正式的环境中，人们分享信息并谈论海洋的放射性污染和渔业情况，这样一种社会学习有什么意义呢？

在我看来，磐城科学咖啡馆能够提供一个场所，让来自不同背景的渔业相关人员可以分享有关海洋放射性污染的信息，并讨论其中的风险，也就是所谓风险交流（risk communication）的场所。风险交流有各种定义，但将其引入日本的木下富雄将其概括为“共同思考”，即“一种社会技术，通过向关注该事物风险的人提供尽可能多的信息，特别是关于风险的信息，并让他们共同思考，从而找到解决问题的方法”[11]。此外，土屋智子补充道：“在共同考虑风险问题时，第一步必须有对话，在共同思考之后，我们要争取进入共同解决风险问题或减少风险的阶段”，将此总结为“对话、共同思考、协作行动”[12]。

由于核电站事故造成的海洋放射性污染，福岛县的水产相关从业者面临着两种风险。一个是水产品的“食品风险”，另一个是水产业的“生计风险”。

放射性物质泄漏到海里以及发现水产品被污染这一事实，迫使消费者做出食品选择。有的人说他们永远不会吃来自福岛或日本东部的海鲜，因为那里的海水已经发生了放射性污染；有的人说他们不会给孩子吃，但成年人可以吃；还有的人认为，进入流通的东西就是安全的。每个人都会考虑食物的风险，并根据自己的知识和价值观做出选择。

那么，人们从哪里以及如何获得这些知识呢？核事故发生后，世界上充斥着关于放射性物质的信息，人们很难知道该相信什么或相信谁。2012 年 1 月，我们在海洋大学举办了一个研讨会，与福岛县的消费者和渔民讨论他们对海洋放射性污染的担忧根源。当时讨论的结论是，最大的担忧根源是信息的可靠性。

然而，在磐城科学咖啡馆，可靠的人向我们提供了有关海洋环境和水产品中的放射性物质的可靠的信息。与会者看到和听到了事故发生后一度居高不下的放射性物质浓度如何随着时间的推移而降低，某些鱼类的浓度如何不容易降低，以及对降低的原因的科学估计，并与其他与会者进行了交流。通过这种方式，参与者和工作人员能够（在一定程度上）理解有关放射性物质的信息，并对食用水产品的相关风险有了一定的把握。

至于渔业的“生计风险”，磐城科学咖啡馆的大多数参与者和工作人员都从事水产品的生产和销售，处于提供水产品的立场。海洋和水产品的污染直接导致了“生计风险”，即他们是否能继续从事水产工作。然而，在这种史无前例的情况下，大量的放射性物质被释放到海里，没有任何人，甚至包括专家，可以说这种情况会持续多久，水产业何时能够恢复。在这种情况下，由具有相同关切之心的人举办的磐城科学咖啡馆，可以说是一个通过每个人的双手共同探索和衡量福岛县或者说磐城市的水产业“生计风险”大小的过程。然后，我们从福岛县水产试验场的监测报告中了解到，核辐射对海洋和水产品的污染正在稳步减少，这又让我们重新看到了水产业的希望之光，不是吗？

在核电站事故发生的约10年前，福岛县出于对核电站和国家政府的不信任，成立了福岛县能源政策研究小组。成立这个研究小组的目的是，从一个电力供应大县的角度来研究整体的能源政策，并对未来的电力供应地建设及该地区的状况进行汇总。在该小组2002年发布的“中期报告”[13]中，对政府的核能政策，特别是核燃料循环表示了强烈的怀疑。9年后，在这次的核事故发生后，福岛县决定逐步取消核电并对可再生能源寄予厚望，打算以之取代核电。应福岛县要求，经济产业省从2013年开始在楢叶町海上20公里处的底拖网渔场进行了浮式海上风力发电机的实证测试[14]。

当握有强大的权力的国家和县政府正试图在海洋中创造一个新的能源产业时，福岛县的沿岸渔业因海洋的放射性污染而受到阻碍，似乎处于巨大的劣势之中。包括沿岸渔业在内的水产业，将如何与海洋开发的这些新动向和谐共存呢?

确保福岛县滨通地区“复原”的基本前提是使核事故得到控制，并确保没有更多的放射性物质被释放到环境中。在此基础上，为了实现“重建”，该地区的人们需要在日常生活和工作场所开展社会学习，通过对话探索该地区的未来。这时，福岛县水产试验场通过兢兢业业积累数据而不断绘制着的海洋中放射性物质的时空分布图便成为重建海洋家园的依据。

第九章
吃在海边——绿色渔业

1 通过吃鱼来支持渔业

抱歉突然从私事开始说起，我家每周都会从一个有机食品组织订购食品。除了大米、蔬菜和肉类外，还有银鱼、咸鲑鱼和竹荚鱼等咸鱼干，鲑鱼和青花鱼的鱼段和切片，偶尔还有扇贝、金枪鱼刺身和烤鳗鱼等等。这里出售的水产品（但不限于水产品）要比附近超市贵得多，有些商品的价格甚至要高出一倍以上。我有时候也会一边翻看下周要订购的订单目录，一边对价格感到生气，所以索性不订了。这里出售的大部分水产品都是在日本沿岸区域捕捞的。在加工咸鱼和干鱼的过程中不使用化学调味品。目录中有时还有生产者——渔民和加工者——的照片。另外，每年也有几次生产者和消费者见面的机会，所以许多生产者对我们来说是熟悉的。以这种方式生产和销售的鱼我称之为“绿色渔业”。

自 1992 年联合国环境与发展会议通过《21 世纪议程》行动计划以来，可持续性已成为所有人类活动的命题。我们所说的“可持续”是指后代能够享受到与我们今天相同的一系列自然利益。然而，正如我们在第二章中所提到的，在《21世纪议程》发布20多年后，包括渔业资源在内的所有生态系统服务的退化令人担忧。

谁都不能保证只要不过度捕捞，渔业就可以持续发展。除渔获量外，鱼类资源还受到鱼类生活的海洋环境和生态系统状况的影响。此外，即使鱼类资源丰富，如果没有捕鱼的渔民、流通和销售鱼的经销商以及购买和食用鱼的消费者，渔业也都无法存续。换句话说，为了使渔业可持续发展，渔业管理的四个基本要素——原鱼、劳动力、资本和市场——都必须到位且可持续。

在这四个要素中，渔场保证原鱼产量的能力主要取决于生物资源的数量和环境条件。另一方面，劳动、资本和市场是三个社会经济条件，市场对劳动和资本有很大影响。如果市场好，鱼能卖出高价，就更容易保证渔业的接班人，也会有更多的资本被投入到渔业中。

这样看来，确保原鱼和扩大市场似乎是加强渔业管理的有效杠杆。事实上，所有渔业都在采取措施，通过放流幼鱼、防止过度捕捞和保护栖息地来加强资源管理。此外，为了开发新市场，各地也在多方尝试开发推广地方品牌，如大分县佐贺关的关竹荚鱼和关青花鱼等。

但是，有没有办法可以强化整个水产品食品系统，就是说不仅仅是渔业管理的个别要素，而是从捕捞到流通再到销售的一系列环节？在本章中，我要介绍的“绿色渔业”就是这样一种尝试。这里的“绿色渔业”是指“符合自然生态系统和人类健康安全要求的水产品，即其生产对自然生态系统的影响和消费对人类健康的影响都在自然科学容许的范围内，并且其生产活动具有（或可寻求）某种社会改善和改革的意义”。[1]

2 农林水产品的环境认证

生态标签和绿色采购

首先，让我们先看一下环境认证、生态标签和绿色采购。

环境认证是一个证明产品在生产、销售、使用和处置过程中对环境影响较小的制度。经过环境认证的产品在商店的货架上出现时，都贴有生态标签。环保意识高的消费者从货架上功能相似的产品中选择有生态标签的产品，并通过这种“绿色购买”为环境保护作出贡献。

环境认证制度于20世纪70年代在北欧开始用于工业产品。工业产品通常是在工厂里用矿物原料生产出来的，使用后被废弃掉。因此，工业产品的环境认证考虑了产品从生产到废弃的整个生命周期中对环境的影响。

另一方面，农业、林业和水产业产品是有机物，废弃后迟早会被微生物降解。因此，对于农林水产业产品来说，环境认证的关键是，其生产过程和方法、即产品的加工和处理方式[2]（Processes and Production Methods）以及自然资源的开采和收获方式，不会对环境造成负担。

在农业方面，有机认证是一种公认的环境认证形式。有机农业以具有活性微生物的肥沃土壤为基础，较少使用或不使用杀虫剂，因此没有化学品的环境污染，对生产者也没有健康风险。在有机农业的先驱欧洲和美国，生产者组织自愿建立了有机认证标准，他们根据这些标准进行认证和销售[3]。例如，英国最大、历史最悠久的有机农业组织——土壤协会（Soil Association，成立于1946年[4]），自1971年起就有了自己的标准。随着有机农业的发展，1991年粮农组织·世卫组织食品标准联合委员会（国际食品法委员会，CAC）开始讨论制定有机食品准则，并于1999年通过了《有机食品生产、加工、标识和销售准则》。目前这个准则已成为包括日本在内的世界范围的有机认证标准[5]。

另外，森林产品方面，森林管理委员会（Forest Stewardship Council: FSC）的 FSC 认证广为人知。全球森林砍伐在 20 世纪 80 年代被认为是一个严重的全球环境问题。特别是热带雨林的破坏，贸易公司的木材贸易和提供给政府的开发援助导致包括原住民在内的当地人人权受到侵害，这在日本国内也能听到抗议的呼声[6]。1992 年，在人们对全球环境破坏的危机意识不断高涨的背景下，联合国环境与发展会议（地球峰会）通过了《森林原则声明》[7]，作为关于森林问题的第一个全球协议，对努力开展森林的管理、保护和可持续发展进行了承诺。在这一趋势下，1993 年 FSC 成立，目的是通过对森林的环境认证，使林产品市场认识到环境的价值，以改变森林管理本身。FSC 认证的原则和标准不仅包括森林环境、造林、采伐和维护管理等与林业有关的项目，还包括遵守法律、劳工权利和工作条件、与区域社会的关系等方面[8]。

FSC 认证的产品在严格的管理下进行流通和销售。FSC 认证中包括 CoC（Chain of Custody，加工流通过程）认证，该认证对森林中生产的经过认证的木材最终加工成办公用纸等的整个流通加工过程进行管理。如果木材生产出来之后，在加工—流通—销售的过程中曾有未获得 CoC 认证的单位成为其所有人，哪怕只有一次，那它便不再被认为是 FSC 认证产品。根据日本 FSC[9] 的数据，截至 2016 年 3 月，世界上 81 个国家约有 18,780 万公顷的认证森林，面积大约是日本国土面积的 5 倍，CoC 认证则在全世界 117 个国家超过 3 万个。在日本国内，有 33 个认证森林，面积约为 39 万公顷，有 1047 个 COC 认证（截至 2016 年 4 月）。如果你没有听说过 FSC，请看看手头的办公纸的包装纸，看看是否印有 FSC 森林认证的标志。

水产品环境认证的系谱

回到正题，水产品最初的环境认证应该是1990年在美国推出的海豚安全标签。

东太平洋的黄鳍金枪鱼有在海豚群下迁移的习惯。美国自20世纪60年代中期开始重视在该地区作业的金枪鱼渔船将海豚赶入围网而导致其憋死的问题。1972年，颁布了《联邦海洋哺乳动物保护法》，规定了两年的宽限期，以改进捕鱼方法，将海豚的兼捕量减少到“接近零的水平”。这个制度起了作用，到70年代末，美国籍渔船所杀死的海豚数量已经从每年50万只下降到2万只。然而，这一时期美国金枪鱼船队减少的同时，来自墨西哥、委内瑞拉和厄瓜多尔等中美洲国家的金枪鱼渔船数量增加，从80年代中期开始，被混捕的海豚数量再次增加[10]。

1986年，自然保护团体地球岛研究所（Earth Island Institute）发起了一场保护海豚的运动——“国际海洋哺乳动物项目”，进行了包括抵制金枪鱼罐头等一系列活动。1990年4月12日，美国最大的三家金枪鱼公司宣布，他们将停止购买用会误捕海豚的渔网捕捞的金枪鱼[11]。作为呼应，美国联邦政府通过了1990年的《保护海豚消费者信息法案》，该法案建立了“海豚安全”标准，以限制金枪鱼渔业中海豚的捕获比例，并禁止以不符合标准的方法捕获的金枪鱼使用海豚安全标签。

针对这一措施，1992年，墨西哥政府向关税与贸易总协定（GATT）投诉，称其在市场上受到了歧视。然而，关贸总协定裁定，海豚安全标签不是关税壁垒，指出海豚安全认证对国内和进口产品都是以相同的标准进行的，美国政府并没有因为有无认证标签而进行歧视，而是让消费者自由选择购买[12]。后来，世贸组织取代了关贸总协定，墨西哥和美国之间关于海豚安全标签的争端也转到了世界贸易组织（WTO）[13]。

倡导保护海豚的国际海洋哺乳动物项目声称，现在90%的金枪鱼罐头产业是“海豚安全”的，根据乘船调查，金枪鱼渔业中混捕的海豚数量已经从20世纪80年代的每年8—10万只下降到2012年的880只[14]，他们对该运动取得的成功感到骄傲。

下一个获得环境认证的水产品是1995年在挪威获得了有机认证的养殖鲑鱼。水产养殖在圈定的水域中养殖鱼贝类，这与畜牧业有很多共同之处。因此，水产养殖业走向有机认证是很自然的。然而，水产养殖，特别是饲料喂养的水产养殖，一直被一些资源和环境问题所困扰。例如，20世纪80年代中期出版的一本书指出了日本产量最高的鰤鱼养殖的三个问题：大量采集鱼苗和过度开发沿岸资源，大量消费饲料鱼，以及因而造成的环境污染[15]。也就是说，过度捕捞那些无法人工培育鱼苗的鱼种资源，因为鱼苗必须从天然鱼苗中获得，所以会导致资源的过度捕捞；为了保证有足够的鱼粉和鱼油作为饲料，造成沿岸渔业的捕捞压力增加；向海中投入过多饵料，残留物造成有机污染和贫氧化。此外，网箱中饲养的大量鱼类要使用抗生素来防止鱼病的爆发，这又引起了人们对食品安全的怀疑。这些都是在食品法典委员会（负责制定国际食品标准的政府间机构）于1998年发布《鱼类和水产品操作规范草案》（步骤3）之前的状况，该草案颁布后可持续水产养殖生产在国际社会得到逐步发展[16]。

挪威有机农业认证机构DEBIO于1995年发布《食用鱼有机养殖标准》[17]，该标准规定，在处理过程中，鱼离开水面的时间不应超过30秒，所有分类和转移都应记录在操作日志中，如果对病鱼进行包括化学疗法在内的治疗，与病鱼共同养殖的其他鱼也不能作为有机鱼销售等等。它规定了养殖密度的上限，禁止基因加工，限制药物的使用和饲料的种类，并对养殖记录的保存和鱼的解体处理作出了详细的指示。有机养殖的鲑鱼按照这些标准进行养殖生产。

此后，水产养殖的有机认证扩展到欧洲的贻贝、鲤鱼和鳟鱼等，还扩展到东南亚和拉丁美洲的养虾业[18]。如第二章所述，在经济全球化的大背景下，东南亚和拉丁美洲的沿岸地区被企业化养虾业所主导。相反，欧洲、美国和日本等进口国的消费者有选择地购买由当地人养殖和生产的虾，以支持生产者的自主经济活动。例如，在日本，私营食品贸易公司 Alter Trade Japan[19] 以“生态虾”的商标销售印度尼西亚爪哇岛上以传统方式养殖的黑虎虾。有机认证也成为促进这种公平贸易的一个工具。

第三种类型的水产品环境认证是海洋管理委员会 MSC（Marine Stewardship Council）的 MSC 认证，通称“海洋生态标签”。

MSC 是一个非政府组织，由积极对抗海洋生物资源的过度捕捞及枯竭的自然保护组织世界自然基金会（World Wildlife Fund: WWF），与英国领先的食品公司联合利华合作，于 1997 年设立。MSC 参照前述森林管理协会 FSC 的模式组建，并于 1997 年从 WWF 独立出来。MSC 对“可持续的管理型渔业”的标准是基于联合国粮食和农业组织（FAO）在 1995 年制定的“负责任渔业行为准则（Code of Conduct for Responsible Fish-eries）”，从资源量、对海洋环境的影响、渔业管理系统三个角度设置的。MSC 从 2000 年的西澳大利亚岩龙虾渔业开始，以欧洲为中心，认证渔业的数量不断增加。根据 2014 年的年度报告[20]，全世界已有 36 个国家的 250 多个渔场获得了 MSC 认证，近 100 个国家的超过 17,000 个 MSC 标签产品在销售，超过 34,000 家企业获得了 MSC 的 CoC 认证，确保他们的产品可以从源头开始追溯整个可持续发展的渔业生产过程。

MSC 认证的想法也被应用于水产养殖业，水产养殖管理委员会（Aquaculture Stewardship Council: ASC）为可持续水产养殖创建了 ASC 认证。截至 2014 年 11 月，ASC 认证涵盖了 12 种鱼类和贝类，其中罗非鱼、鱼芒、鲑鱼、双壳软体动物（牡蛎、扇贝、蛤蜊和贻贝）、鲍鱼和淡水鳟鱼已经完成了标准制定过程，罗非鱼和鱼芒已经开始作为认证产品进入流通。

在日本，ASC 负责人和养殖业者正在合作制定养殖鱼类的主力——鰤鱼的 ASC 认证标准。2016 年 3 月，在东日本大地震中受灾的宫城县渔业合作社志津川分社的牡蛎养殖获得了 ASC 认证。

MSC 认证在日本的普及

发源于欧洲和美国的 MSC 海洋生态标签在日本是如何被看待的呢?

截至 2016 年 9 月，日本国内有两个渔场获得了 MSC 认证。一个是京都府机船底拖网渔业联合会的雪蟹和拟庸鲽渔业，于 2008 年 9 月获得认证，另一个是北海道渔业合作社联合会的扇贝渔业，于 2013 年 5 月获得认证。京都府机船底拖网渔业联合会在京都府海洋中心协作下，多年来致力于资源管理包括规定捕鱼季节和禁渔区、提高渔获物尺寸标准、加大网眼尺寸、引进改进的渔具以防止混捕并与其他县签订协议等。相关工作人员告诉我们，他们获得 MSC 认证的动机是为了用国际的评价体系来衡量自己的资源管理工作。另一方面，北海道道东地区的扇贝渔场通过 MSC 认证，是因为欧洲对 MSC 的认可度较高，他们的目的是促进本来就是热门出口产品的扇贝在欧洲的销售。

正如 FSC 认证包括对加工和流通过程管理的 CoC（监管链）认证一样，MSC 认证也包括对加工和流通过程的 CoC 认证。日本第一家获得 MSC 认证的 CoC 认证的公司是位于筑地的株式会社龟和商店，它在 2006 年 4 月从阿拉斯加进口了 MSC 认证的鲑鱼。其后，永旺株式会社（AEON Co. Ltd）在 2006 年 11 月成为第一个获得 CoC 认证的日本零售商，并开始销售包括三文鱼、鳕鱼子和甜虾等共计 11 个种类的 22 种产品（截至 2012 年 4 月）。

然而，MSC 认证在日本并不广为人知：日本在 2012 年进行的 MSC 在线访谈中，24% 的受访者说他们见过 MSC 标志，而只有 8% 的人能说出这是一个可持续水产品标签。

更重要的是，日本水产品行业并不算欢迎MSC的到来。

日本渔民为他们能够在一个其他任何国家都无法比拟的渔业权制度下对家乡海域的各种鱼贝类进行资源管理而感到自豪，而且他们对于将渔业环境与日本截然不同的欧洲所制定的资源管理评价标准引入日本也感到抵触。在这种抵触心理的推动下，2007年，一个由参与日本渔业的生产商、加工商、流通业者和零售公司组成的水产业团体——一般社团法人大日本水产会，推出了自己的水产品生态标签，称为日本海洋生态标签（Marine Ecolabel Japan，简称MEL）。截至2016年5月，日本有20多个渔场获得了MEL认证，包括静冈县由比的樱虾渔场和青森县十三湖的蚬子渔场等。[21]

3 什么是“绿色渔业”？

让我们回到“绿色渔业”。

在日本有一个公民运动，以一种与迄今为止介绍的水产品环境认证不同的方式，通过购买产品来支持那些对渔业资源和沿岸海洋环境的保护和可持续性有坚定想法的渔民。虽然没有环境认证那样严格的标准，但它的动机是参与流通的人想与渔民合作解决问题，这些问题包括沿岸环境恶化、渔民老龄化、渔业后继无人和鱼价过低等存在于许多渔村的共同情况，也包括在特定沿岸地区出现的资源和环境问题等。这就是本章开头介绍的“绿色渔业”。“绿色渔业”可以分为两种类型：一种是抑制公共项目型，即阻止破坏沿岸环境的大型公共工程项目，另一种是支持环保生产型，即支持关心环境和保护资源的渔民。

阻止大型公共工程项目的“绿色渔业”

抑制公共项目型“绿色渔业”运动是20世纪90年代开始活跃的公民行动的一种形式。在日本，一般认为当地沿岸渔民几乎可以独占性地使用当地的海洋资源。因此，如果想进行改变海边环境的项目，如填海造地，必须事先得到渔业合作社总会的批准。抑制公共项目型“绿色渔业”是一个由志同道合的志愿者组成的运动，他们支持渔民拒绝接受破坏自然环境的项目并继续捕鱼。

例如，30多年来，山口县祝岛的渔民每周都会举行示威，反对株式会社中国电力公司[a]建造上关核电站。为了支持这些渔民，环保组织世界自然基金会通过邮购的方式销售祝岛生产的羊栖菜和章鱼产品[22]。在熊本县球磨川的支流之一的一级河川——川边川地区，反对国土交通省建坝计划的妇女组成了“保护川边川妇女协会”，针对国土交通省提出的16.5亿日元的渔业补偿，发起了“尺鲇（即体长近一尺的香鱼）信托”[23]，号召大家购买香鱼，防止河川被“销售”。尺鲇信托通过邮购方式在全国各地销售香鱼，以支持反对建设水坝的河流渔民。这种全国性的团结支持是阻止公共工程改变环境的力量之一。

支持环保型生产的“绿色渔业”

另一种“绿色渔业”是指消费者从看得到的生产者那里购买水产品，是一种嵌入日常生活的运动。这方面的中介机构是如本章开头介绍的那样的，会员制的有机食品经销商。大约40年前，当快速工业化造成的社会扭曲在日本许多地方变得明显时，也就是有吉佐和子在她的《复合污染》一书中对化学制剂造成的食品污染提出警告时，人们转向

---

a　株式会社中国电力公司是日本一家负责中国地方（ちゅうごくちほう）5县（鸟取县、岛根县、冈山县、广岛县、山口县）供电事务的企业，简称中电。

反对依赖化学品的农业，并开始了这场运动。在随后的几年里，随着人们对食品安全和环境污染的关注，有机农业逐渐得到了社会的认可，并吸引了越来越多的支持性生产者和消费者（市场），在80年代，它也开始扩展到水产品。

让我们看看有机食品企业的先驱——“株式会社大地保护之会”（以下简称“D公司”）是如何经营水产品的。

D公司于1975年开始宣传活动，其口号是：“与其喊一百万次杀虫剂的危险，不如从种植、运输和吃一个无杀虫剂的萝卜开始”。该公司成立于1977年11月，作为一个流通企业，通过建立和重组子公司等，截至2006年3月底，以首都圈为中心，已拥有约279,000名消费者会员，并在全国拥有约2500名生产者会员。作为一个商业实体，他们在1985年建立起日本第一个向消费者会员提供有机产品的送货上门系统，现在该公司除了在互联网上销售有机产品、批发食品、经营餐馆和经营其他食品业务，还开展了天然材料住宅业务。同时，该公司还设有多个关于食品和环境问题的专业委员会，在这些委员会中，D公司的工作人员与生产者和消费者成员一起开展活动。也就是说，D公司仍然一直具有公民活动团体的性质。

快递员每周一次将订购的产品送到消费者家中，并收集下周的订货单。消费者也可以将他们的意见、要求或投诉与订货单一起作为沟通信寄出。 他们还可以看到与产品一起交付的信息，并与生产商直接沟通。当然，现在也可以在互联网上完成这些。通过这种方式，生产者、流通业者和消费者三者间实现了相互沟通。

D公司对其经营水产品的态度说明如下[24]：

我们致力于安全、放心的水产品分销。

我们致力于提高水产品的自给率。

我们致力于保护日本沿岸的水产资源。

我们通过降低食物里程来减少二氧化碳排放。

我们提倡销售因“太小”或“有瑕疵”等原因而一般不能进入市场的水产品。

我们支持使用资源管理型捕捞方法捕捞的水产品。

我们追求环境友好型水产养殖。

D公司处理水产品的标准不允许使用化学品，如用于保鲜和防止褪色的化学品，或在海藻等晾晒区使用除草剂等。然而，它们没有为保护渔业资源或生产环境制定严格的标准，而似乎重在彰显一种态度——支持那些有干劲的生产者，这是它与第三方环境认证（如MSC）的区别所在，然而他们也支持MSC和ASC等环境认证。

例如，当D公司在1984年开始销售国内生产的水产品时，一些消费者成员反对说：“日本的沿岸被污染了，为什么我们还要销售？”但D公司说：“在日本，如果没有水产品，我们无法生存。为了保护海洋和促进渔业，让我们行动起来吧！”他们如此回答，结束了争论。另外，当该公司在2001年开始销售上述“生态虾”时，内部也有一些争论，认为在有国产虾的情况下销售进口的养殖虾，而且在运输前用次氯酸钠消毒也违背了D公司不使用化学品的方针。然而，该公司还是决定支持那些致力于环境保护的印度尼西亚生产商。

D公司对厚岸绿水会植树活动的支持

D公司开展交易——或者说支持其生产方式——的环保水产品生产商和组织遍布全日本。我们想介绍其中之一，即位于北海道东南部厚岸町的厚岸绿水会。

厚岸町位于钏路以东向根室半岛方向约50公里处，以渔业和乳畜业为主要产业、是个人口约1万人的小城镇。其渔业从具体内容来看，秋刀鱼和海带的产量最大，价值分别约为20亿日元和10亿日元，但从全国来看，厚岸可能是作为牡蛎产地而知名的。

养殖牡蛎的厚岸湖是一个咸水湖，从流经北部沼泽地的别寒边牛河流入淡水，并通过厚岸湾与太平洋相连。这里每年养殖约200吨长牡蛎。过去，厚岸湖拥有丰富的牡蛎资源，甚至被说是取之不尽，用之不竭的。然而，在明治时代（1868—1912）中期，牡蛎的产量迅速减少，在大正时代（1912—1926）初期，牡蛎捕捞被禁止了。后来，厚岸湖的牡蛎生产以“撒地养殖”的形式恢复，即从宫城县购买牡蛎幼苗，撒在湖口附近不同大小的“牡蛎岛”（由散落在厚岸湖周围的牡蛎壳组成的礁石）上，几年后收获。然而，重新步入正轨的牡蛎养殖产量在20世纪60年代急剧下降，直到80年代初仍低于50吨。随后，在1982年秋天和1983年春天之间，发生了牡蛎的大规模死亡。据说当时牡蛎岛在退潮时出现在海面上时，所有在那里养殖的牡蛎都张开了嘴，里面的东西看起来都像化掉了一样。

这一事件对从事牡蛎养殖的人来说是一个巨大的打击，但也成了牡蛎养殖方式变革的契机。首先，生产方法完全从撒播法改为悬挂法（牡蛎笼子以一定间隔悬挂在水中）。此外，厚岸渔业合作社青年部的牡蛎和蛤蜊研究小组认为，如果他们继续只依靠宫城县来生产牡蛎幼苗，一旦出现问题就会一同受到影响，因此他们必须从培育适合当地环境的牡蛎幼苗开始，重建厚岸的牡蛎生产。

同时，渔业合作社青年部的志愿者们试图找出牡蛎大量死亡的原因。然而，没有关于厚岸湖及其周围的自然环境的数据，很难知道在死亡之前和之后有什么变化。于是他们拜访了长者，听他们讲述“大海以前是这样的，河流以前是那样的”的故事，并沿着别寒边牛河溯流而上到现场去探访。结果发现，从河的上游到中游，有的地区为了发展乳畜业，将牧场一直开垦到河岸；有的河道被改造，致使排水不畅的山谷中的牧场变得干燥；有的地区将森林被砍伐后弃置不理；还有的地区没有了树木，变成荒地。另外，从下游地区到厚岸湖一带，则有各种生活废水未经处理就排放到河中，还有湖岸被填埋以建造港湾等。大家强烈地意识到，厚岸湖周围的环境与过去相比已经发生了巨大的变化。

鉴于这样一种情况，当时身为海带渔民的神圣吾先生呼吁渔业合作社青年部的成员“植树造林，将环境恢复到以前的样子”。他最先找到的沟畑静雄是一位牡蛎和蛤蜊渔民，他说他对神先生“到山里去”的想法不完全理解，然而，他同意植树以恢复良好生产环境的想法，并与想要恢复厚岸牡蛎的牡蛎渔民中屿均等一起加入了这个团体。就这样，1991 年 1 月“厚岸町绿水会”成立了，并开始在荒地上植树。 这个会共有 10 名成员，其中大部分是 30 岁出头的渔民，他们大都参加过渔业合作社青年部的活动。

D 公司水产负责人吉田和生先生从 D 公司的生产者成员那里听说了绿水会的故事，于是在 1992 年到厚岸镇拜访了沟畑先生。吉田先生说，因为绿水会“植树造林以恢复捕捞牡蛎的环境”的理念和 D 公司“保护海洋和促进渔业发展”的理念非常吻合，所以他和沟畑先生非常谈得来。从那以后，D 公司的员工每年都会组织消费者成员到厚岸绿水会参观，一起在绿水会的森林中修剪树枝等等。当然，D 公司的送货上门业务也会销售来自厚岸地区的牡蛎和秋刀鱼，绿水会的成员也会被邀请到东京参加活动，与首都圈的消费者会员互动等。

4“绿色渔业”会扩展开来吗？

“绿色渔业”和环境认证水产品之间的主要区别是生产者、经销商和消费者之间是否存在关联性。环境认证水产品的话，生产者、经销商和消费者不需要互相认识。因为第三方标签，如有机养殖认证或 MSC

认证，保证了产品的安全性和生产过程的环保性，所以消费者只需在商店里看着标签决定是否购买即可。

另一方面，这里介绍的“绿色渔业”系统只有在提供生鱼的渔民、构成市场的经销商和消费者之间存在“面对面的关系”时，才能发挥作用。这个水产食品系统的基础就是有关人员之间的关联性。在水产品的生产过程中，没有特别严格的认证标准。生产者和经销商之间有一个关于生产原则的协议，该协议也被传达给了消费者。另外，消费者的需求也会传达给生产者。在这样一个封闭的市场中，第三方认证是没有必要的，但必须建立起相互信任，以取代认证。

流通业者在维持这种相互信任方面发挥着重要作用。它们确保消费者了解产品的生产过程以及生产商对保护自然环境和生产过程的承诺。它们还为消费者和生产者之间的直接沟通提供了机会。通过这种方式，经销商不断更新和加强生产者和消费者之间的关系。另一方面，消费者信任流通业者和系统，支持生产者，即使他不完全了解生产过程。

该系统的所有成员——生产者、经销商和消费者的核心是一种使命感，这种使命感的强弱可能因人而异，但却是每个人都具有的，那便是要保护沿岸资源环境和沿岸渔业的可持续性。他们的热烈讨论让我想起了评论家内桥克人[25]所说的“使命共同体”这个词，即具有相同使命感的人们自发组成的横向集体。

“绿色渔业”是一个将生产和消费联系起来的食品系统，可能成为保护沿岸生态系统服务的一个解决方案。但目前，在日本国内消费的627万吨（2014年度）[26]的水产品之中，只有极少数品种和数量的“绿色渔业”产品在小市场上流通。影响“绿色渔业”系统扩展的挑战不仅是确保数量和提高分销系统的效率，最重要的是设法降低销售价格。

正如我在本章开头所说，“绿色渔业”的产品比市场上同类型的水产品，特别是进口产品要贵。高价格中包括生产者提供的服务，如资源管理、环境保护活动和为了不使用无化学药剂而付出的努力等，而这些服务在正常市场上不被重视，因此没有反映在价格中。它还包括为维护“绿色渔业”的信用而需要的流通业者的各种服务。鉴于此，在维持“绿色渔业”的意义的同时，要降低其价格是十分困难的。还有一个问题，就是在生产过程中照顾到了资源和环境，并不意味着在海里捕捞的鱼和贝类的味道比没有照顾到资源和环境的鱼和贝类的味道好。“绿色渔业”很难通过味道体现其不同之处。

要想发展“绿色渔业”，可能只有一个办法，那便是使更多的人认同“绿色渔业”的意义并接受其价格与一般市场价格的差异。我虽然想不出实现这一目的的好办法，但我认为我们最起码可以创造更多机会，让大家一边品尝当季的海鲜，一边讨论沿岸资源和环境的现状，以及渔村和渔业面临的问题。

结语

东京大学出版会编辑部的光明义文先生向我提出这本书的计划是在 2012 年 7 月。在那之前半年左右，同样由该社出版的《江户前的环境学：共赏、共思、共学海洋的 12 章》一书中，我提到了东京海洋大学江户前 ESD 协议会举办的“海洋可持续发展教育（ESD）”的实际案例，如海洋中的环境教育活动、科学咖啡馆和参与式研讨会等。因此光明先生提议，下次可以来一个“串烧”把这些故事串起来。

我认为海洋可持续发展教育让“大家共同思考海洋可持续利用”，它是大众参与沿岸区域管理的基础。在此基础上，沿岸的人们为继续依靠沿岸区域富饶的环境和生态系统生活下去或是为恢复这一生存环境而进行对话。我们还希望创造一个社会学习的场所，在这里，具有不同利益关系的人们可以分享信息，共同讨论和思考沿岸区域具体问题的解决方案，提出想法，有时还能达成共识并作出决定。这就是我们一直在努力实现的目标。所以我在写这本书时，把关于海洋的社会学习作为“串”，把一些例子作为“团子”。不知道这个“串烧”吃起来味道怎么样？

我不确定我是否很好地解答了光明先生交给我的课题，但我能够出版这本书，要感谢他四年半来的严格和充满关爱（我希望是）的鞭策。在此献上我诚挚的谢意。

齐藤俊行先生是我最喜欢的图画书《冰》的画家，尽管我给他的时间很紧张，但他还是热情地为本书画了一幅美丽的公园海景图（你可能已经注意到，那里甚至有一只猫）作为封面图。我觉得自己非常幸运，感谢齐藤先生。

本书中的例子是我在研究中了解到的一些举措，以及我作为社会学习的探索而开展的一些活动。在我写手稿的时候，想到了我在这些地方遇到的一些面孔，真的是承蒙大家关照。除了我在文中提到的名字，还有许多名字我没有提到。我想感谢他们所有人。

在写作过程中，我请各个章节中出场的各位专家分别审查了相关内容并赐予了宝贵意见。他们分别是：一直支持我们活动的第六代江户前渔民铃木晴美女士，一般社团法人葛西临海·环境教育论坛秘书处的宫岛隆行先生，毕业于东京海洋大学、现任职于全国渔业合作社联合会的有马优香女士，我在案例教学法方面的导师、国际基督教大学毛利胜彦教授，在我开展福岛县渔业相关调查时给予我许多帮助的福岛县水产工作人员根本芳春先生，满怀热情地传承着“大地保护会”精神的吉田和生先生，还有我的导师、东京海洋大学名誉教授石丸隆老师。感谢东京海洋大学研究生及川光同学协助我检查数据。还要感谢我的两位尊敬的同事，东京海洋大学娄小波教授和河野博教授，他们阅读了整个文本，不仅为我提供了宝贵意见，还提出了犀利的问题以及解决问题的思路。我期待今后新的尝试。

2017 年 1 月

川边翠

引用文献

[第 1 章]

1 環境庁自然保護局 (1998)『第 5 回自然環境保全基礎調査　海辺調査 総合報告書』（备注，兵库县未调查）

2 浅井良夫 (1993) 2. 改革と復興——1945 年 -1954 年 ,『現代日本経済史』, 有斐閣 , 東京。

3 下野克己 (1974) 日本化学工業の戦後展開 (II) ——日本化学工業史序説 , 岡山大学経済学会雑誌 5(3·4),39-68.

4 資源エネルギー庁 . 総合エネルギー統計 (エネルギーバランス表).

http://www.enecho.meti.go.jp/statistics/total_energy/results.html#stte1989 (2017 年 1 月 7 日参照)

5 華山謙 (1978)『環境政策を考える』, 岩波新書 (黄版) 41. 岩波書店 , 東京 .

6 経済企画庁 (1962)『全国総合開発計画』.

7 帝国書院編集部 · 佐藤久 · 西川治 (1976)『新詳高等地図 初訂版』, 帝国書院 , 東京 .

8 原田正純 (1972)『水俣病』, 岩波新書 (青版)841, 岩波書店 , 東京 .

9 阿部泰隆 (1999) 4. 環境法の諸領域 , 第 II 章 環境法の基礎 ,

阿部泰隆編『環境法』, 有斐閣 , 東京 .

10 日本弁護士連合会公害対策 · 環境保全委員会編 (1991)『日本の公害輸出と環境破壊——東南アジアにおける企業進出と ODA』, 日本評論社 , 東京 .

11 環境庁 (1980)『昭和 55 年版 環境白書』.

12 熊本一規 (1995)『持続的開発と生命系』, 学陽書房, 東京.

13 神田穣太 (2012) 第 3 章 東京海の水の汚れ——水質と富栄養化, 川辺みどり・河野博編『江戸前の環境学——海を楽しむ・考える・学びあう 12 章」, 東京大学出版会, 東京.

14 水産庁 (2015)『平成 27 年版水産白書』.

15 2013 年的渔业普查，由于对作为雇主的渔业管理机构进行了调查，因此包括了以前的调查中未包括的居住在非沿海市町村的人，与 2008 年的调查不具有连续性。

[第 2 章]

1 鷲谷いづみ (2006) 国連ミレニアム生態系評価報告書を読む (前編), 科学 76 (11), 1091-1100.

2 The Millenium Ecosystem Assesment. Overview of the Milliennium Ecosystem Assessment.

http://www.millenniumassessment.org/en/About.html

3 The Millenium Ecosystem Assesment. History of the Millennium Assessment.

http://www.millenniumassessment.org/en/History.html

4 The Millennium Ecosystem Assessment (2005). Chapter 19 Coastal Systems. In *Ecosystems and Human Well-being: Current State and Trends, Volume 1.* eds. Hassan, R., Scholes R., and Ash, N., Island Press, DC, USA.

5 前述第 4 项 Table 19.2 Summary of Ecosystem Services and Their Relative Magnitude Provided by Different Coasta System Subtypes.

6 前述第 4 项 19.3. 1 Human in the Coastal System: Demographics and Use of Serveices.

7 前述第 4 项 19.4. 1 Projections of Trends and Areas of Rapid Change.

8 FAO (2010) *Global Forest Resources Assessment 2010*, FAO Forestry Paper 163.

9 鈴木賢英 (1995) 熱帯アジアにおけるマングローブ林の現状と将来展望,『アジアにおける開発と環境——その現状と課題, 平成 4·5 年度研究プロジェクト「アジアの開発・環境問題に関する学際的研究」』, 亜細亞大学アジア研究所.

10 宮城豊彦・向後元彦 (1991) マングローブ林で何が起こっているか, 地理 36(3), 33-40.

11 安食和弘・宮城豊彦 (1992) フィリピンにおけるマングローブ林開発と養殖池の拡大について, 人文地理 44(5), 76-89.

12 前述第 4 项

13 熊谷滋，千田哲資 (1992)1. ミルクフィッシュ，Ⅰ. 養殖の現状と問題点，吉田陽一編『東南アジアの水産養殖』，水産学シリーズ 90, 恒星社厚生閣，東京.

14 FAO Fisheries and Aquaculture Department (2017) Online Query Panels.

15 Primavera, J. H. (1997) Socio-economic impacts of shrimp culture. *Aquaculture Research* 28: 815-827.

16 前述第 4 项.

17 前述第 4 项 Box 19.4 Water Diversion in Watersheds versus Water and Sediment Delivery to Coasts.

18 前述第 7 项.

19 前述第 7 项.

20 GESAMP (IMO/FAO/UNESCO-IOC/WMO/WHO/IAEA/UN/UNEP Joint Group of Experts on the Scientific Aspects of Marine Environmental Protection) (1996) *The Contributions of Science to Coastal Zone Management.* GESAMP Reports and Studies No. 61, Food and Agriculture Organization of The United Nations, Rome.

21 United Nations (2002) *Report of the World Summit on Sustainable Development. Johannesburg, South Africa, 26 August—4 September 2002.* A/CONF.199/20.

22 United Nations (2012) Oceans and Seas. *The Future We want.* Resolution adopted by the General Assembly on 27 July 2012. A/CONF. 216/L. 1

23 United Nations Development Programme (2016) UNDP *Support to the Implementation of Sustainable Development Goal 14. Ocean Governance*, Sustainable Devemopment Goals.

24 環境省自然環境局自然環境計画課生物多様性施策推進室・いであ株式会社編 (2012) パンフレット『価値ある自然生態系と生物多様性の経済学——TEEB の紹介』，環境省.

25 公益財団法人地球環境戦略研究機関 ,TEEB 報告書和訳暫定版 (2011 年 9 月) http://www.iges.or.jp/jp/archive/pmo/1103teeb.html (2016 年 8 月 22 日参照)

26 ポール・W・バークレイ，デビット・W・セクラー著，白井義彦訳 (1975)『環境経済学入門——経済成長と環境破壊』，東京大学出版会，東京.

27 竹内憲司 (1999)『環境評価の政策利用——CVM とトラベルコスト法の有効性』，勁草書房，東京.

28 栗山浩一 (1997)『公共事業と環境の価値』，築地書館，東京.

29 環境省 . 生態系サービスへの支払い (PES)——日本の優良事例の紹介 .
http://www.biodic.go.jp/biodiversity/shiraberu/policy/pes/(2016 年 8 月 22 日参照)

30 神奈川県 . 個人県民税の超過課税 (水源環境保全税) の概要 .
http://www.pref.kanagawa.jp/cnt/f4832/ (2016 年 8 月 22 日参照)

31 環境省自然環境局 . 経済的価値の評価事例 . 干潟の自然再生に関する経済価値評価 .
http://www.biodic.go.jp/biodiversity/activity/policy/valuation/pu_e01.html (2016 年 5 月 7 日参照)

[第 3 章]

1 多辺田政弘 (1990)『コモンズの経済学』、学陽書房 , 東京 .

2 米国沿岸域管理法には , 国の沿岸域の資源を保全 , 保護 , 開発 , 可能であれば再生・増進することを国家政策とする , とある (Section 303).

3 高崎裕士・高桑守史 (1976)『渚と日本人——入浜権の背景』.
NHK ブックス 254, 日本放送出版　会，　京 .

4 秋道智彌 (2004)『コモンズの人類学——文化・歴史・生態』, 人文書院 , 京都 .

5 塩野米松 (2001)『聞き書き　にっぽんの漁師』, 新潮社 , 東京 .

6 Reed, M.S. (2008) Stakeholder participation for environmental management: A literature review, *Biological Conservation* 141, 2417-2431.

7 ボーム・デヴィッド著 , 金井真由美訳 (2007)『ダイアローグ——対立から共生 , 議論から対話へ』, 英治出版 , 東京 .

8 篠原一 (2004)『市民の政治学——討議デモクラシーとは何か』、岩波新書 (新赤版)872, 岩波書店 , 東京 .

[第 4 章]

1「国連持続可能な開発のための教育の 10 年」関係省庁連絡会議 (2006, 2011)『我が国における「国連持続可能な開発のための教育の 10 年」実施計画 (ESD 実施計画)』, 平成 18 年 3 月 30 日決定 , 平成 23 年 6 月 3 日改訂 .

2 持続可能なアジアに向けた大学における環境人材育成ビジョン検討会 (2008)『持続可能なアジアに向けた大学における環境人材育成ビジョン 2008 年 3 月』.

3 河野博 (2012) 終章 江戸前の海に『学びの環』はつくられたのか、川辺みどり・河野博編『江戸前の環境学――海を楽しむ・考える・学びあう 12 章』，東京大学出版会，東京．

4 藤森三郎 (1971) 第 19 章　江戸地先に発祥して全国的に発展したノリ養殖業，東京都内湾漁業興亡史編集委員会編『東京都内湾漁業興亡史』，東京都内湾漁業興亡史刊行会，東京．

5 東京海洋大学江戸前 ESD 瓦版編集委員会 (2008) 江戸前の海学びの環づくり瓦版第 4 号．

[第 5 章]

1 東京湾環境情報センター．
http://www.tbeic.go.jp/kankyo/index.asp (2016 年 5 月 10 日参照)

2 泉水宗助 (1908)『東京湾漁場図――漁場調査報告 第五十二版』，農務省認可．

3 日本環境教育フォーラム (1994)『インタープリテーション入門――自然解説技術ハンドブック」，小学館，東京．

4 Chambers, R. (2002) *Participatory Workshops*, Earthscan, London.

5 東京海洋大学江戸前 ESD 瓦版編集委員会 (2009) 江戸前の海学びの環づくり瓦版第 9 号．

[第 6 章]

1 藤垣裕子 (2003)『専門知と公共性――科学技術社会論の構築へ向けて』，東京大学出版会，東京．

2 Sciencecafe webbook: Introduction, Sipping Science with a Science cafe. eds. Bagnoli, F., Dallas, D., Pacini, G.
https://sites.google.com/site/scicafewebbook/what-is-a-science-cafe (2016 年 9 月 30 日参照)

3 UNESCO. Science for the Twenty-First Century, World Conference on Science, 26 June-1st July, 1999, Budapest, Hungary.

4 日本学術会議 (2004)「声明『社会との対話に向けて』」(2004 年 4 月 20 日)．

5 文部科学省 (2004)『平成 16 年版科学技術白書』．

6 中村征樹 (2008) サイエンスカフェ現状と課題，科学技術社会論研究 5,31-43.

7 閣議決定 (2006) 科学技術基本計画．

8 中原淳・長岡健（2009）『ダイアローグ——対話する組織』，ダイヤモンド社，東京．

9 ボーム・デヴィッド著，金井真由美訳 (2007)「ダイアローグ——対立から共生，議論から対話へ』，英治出版，東京．

10 佐伯胖 (1970)『「学び」の構造』，東洋館出版社，東京．

[第 7 章]

1 名嘉憲夫 (2002)『紛争解決のモードとはなにか——協働的問題解決に向けて』，世界思想社，京都．

2 United Nations (2015) *Transforming Our World: The 2030 Agenda for Sustainable Development.* A/RES/70/1.

3 Shipman, B. and Stojanovic, T. (2007) Facts, fictions, and failures of Integrated Coastal Zone Management in Europe, *Coastal Management* 35 (2-3), 375-398.

4 Bille, R. (2008) Integrated Coastal Zone Management: Four entrenched illusions.

S.A.P.I.EN,S [Online], 1.2.1-12. http://sapiens.revues.org/198

5 ピーター・M・センゲ著，枝廣淳子・小田理一郎・中小路佳代子訳 (2011)『学習する組織』，英治出版，東京．

6 エーカチャイ著，アジアの女たちの会訳，松井やより監訳 (1994)『語り始めたタイの人びと——微笑みのかげで』，明石書店，東京．

7 栗原彬編 (2000)『証言　水俣病』，岩波新書（新赤版）658, 岩波書店，東京

8 中村雄二郎 (1992)『臨床の知とは何か』，岩波新書（新赤版）203, 岩波書店，東京．

9 鯨岡峻 (2005)『エピソード記述入門——実践と質的研究のために』、東京大学出版会，東京．

10 マイケル・ポランニー著，高橋勇夫訳 (2003)『暗黙知の次元』，ちくま学芸文庫，筑摩書房，東京．

11 Lynn, L. (1999) *Teaching and Learning With Cases: A Guidebook*, Chatham House Pub., New York & London.

12 毛利勝彦 (2011) どのようにケースで国際開発を学ぶのか、山口しのぶ・毛利勝彦・国際開発高等開発機構編『ケースで学ぶ国際開発』，東信堂，東京．

13 ダグラス・マグレガー著，高橋達男訳 (1970)『新版 企業の人間的側面——統合と自己統制による経営』，産業能率大学出版部，東京．

14 バーンズ・L・B, クリステンセン・C・R, ハンセン A・J 著, 高木晴夫訳 (1997)『ケースメンッド 実践原理——ディスカッション・リーダーシップの本質」, ダイヤモンド社, 東京.

15 ルドルフ・シュタイナー著, 高橋厳訳 (2011)『シュタイナー——魂について」、春秋社, 東京.

[第 8 章]

1 Keen, M., Bruck, T. and Dyball, R. (2005) Social learning: A new approach to environmental management. eds. Keen, M., Brown, V. and Dyball, R., In *Social Learning in Environmental Management: Towards A Sustainable Future*, Earthscan, London.

2 福島県農林水産部水産課編 (2010)『福島県水産要覧 平成 22 年 3 月』.

3 大藤健太・杉山大志 (2011) 福島県における今後のエネルギー政策——従来型発送電技術と再生可能エネルギーの対比を中心に、(財) 電力中央研究所社会経済研究究所ディスカッションペーパー (SERC Discussion Paper) SERC11038.

4 财政实力指数是地方政府财政实力的指数，是将基准财政收入除以基准财政需求额而得到的数字在过去 3 年的平均值。

5 総務省 (2013) 全市町村の財政指標資料, 地方公共団体の主要財政指標一覧.

6 東京電力.

http://www.jaero.or.jp/data/02topic/fukushima/ (2016 年 8 月 18 日参照)

7 Yoshida, N. and Kanda, J. (2012) Tracking the Fukushima radionuclides, Science 336, 1115-1116.

8 福島県水産試験場 (2016) 環境放射線モニタリング (水産物)(181954), 2016 年 8 月.

9 福島県漁業協同組合連合会ポータルサイト. 福島県における試験操業の取り組み.

http://www.fsgyoren.jf-net.ne.jp/siso/sisotop.html (2016 年 9 月 14 日参照)

10 福島県災害対策本部 (2016) 平成 23 年東北地方太平洋沖地震による被害状況即報 (第 1660 報),2016 年 9 月 20 日.

11 木下冨雄 (2006) リスク認知とリスクコミュニケーション, 日本リスク研究学会編『リスク学事典 増補改訂版』, 阪急コミュニケーションズ, 大阪.

12 土屋智子 (2011) 第 4 講 リスク・コミュニケーションの実践方法，「環境リスク管理のための人材養成」プログラム編集『リスク・コミュニケーション論』，大阪大学出版会，大阪.

13 福島県エネルギー政策検討会 (2002)「中間とりまとめ 平成 14 年 9 月」.

14 経済産業省資源エネルギー庁 (2013)「福島沖で浮体式洋上風車の試験運転を開始しました」. ニューズリリース 2015 年 11 月 11 日.

[第 9 章]

1 川辺みどり (2007)「緑のさかな」を食べる——社会変革を求める水産物購入，地域漁業研究 47 (1), 177-196.

2 OECD (1997) *Processes and Production Methods (PPMS): Conceptual Framework and Considerations on Use of Ppmbased Trade Measures*. OCDE/GD (97) 137, 52.

3 桝潟俊子 (1992) 第 V 章都市と 農村を結ぶ＜もうひとつの流通＞を求めて，国民生活センター編『多様化する有機農産物の流通』，学陽書房，東京.

4 Soil Association.

https://www.soilassociation.org/about-us/ (2016 年 9 月 19 日参照)

5 農林水産省消費・安全局 (2015) 有機食品の検査・認証制度について.

6 日本弁護士連合会公害対策・環境保全委員員会編 (1991)『日本の公害輸出と環境破壊——東南アジアにおける企業進出と ODA』，日本評論社，東京.

7 United Nations. Annex III Non-legally binding authoritative statement of principles for a global consensus on the management, conservation and sustainable development of all types of forests. *Report of the United Nations Conference on Environment and Development.* A/CONF. 151/26 (Vol. III) Distr. GENERAL 14 August 1992.

8 Forest Stewardship Council (2015) *FSC Principles and Criteria for Forest Stewardship*, FSC-STD-01-001 V5-2 EN.

9 FSC ジャパン. FSC の広がり.

https://jp.fsc.org/jp-jp/fscnew/1-6-fsc (2016 年 9 月 17 日参照)

10 NOAA Fisheries Southwest Fisheries Science Center. The Tuna-Dolphin Issue. updated from W. F. Perrin, B. Wursig and J. G. M. Thewissen, eds. (2002) *Encyclopedia of Marine Mammals*. Academic Press, San Diego, California, pp. 1269-1273.

11 Shabecoff, P. (1990) 3 Companies to Stop Selling Tuna Netted With Dolphins. *The New York Times*, April 13, 1990.

12 加藤峰夫 (1999) グリーン購入とエコラベル ,『ジュリスト増刊＜新世紀の展望 2 ＞環境問題の行方』, 271-276.

13 内記香子 (2013)【WTO パネル・上級委員会報告書解説⑥】米国――マグロラベリング事件 (メキシコ) (DS381)――TBT 紛争史における意義 . RIETI Policy Discussion Paper Series 13-P-014, 独立行政法人経済産業研究所 .

14 International Marine Mammal Project.
http://dev.eii.org/news/entry/25th-anniversary-of-dolphin-Safe-tuna (2016 年 9 月 17 日参照)

15 河合智康 (1986)『魚　21 世紀へのプログラム』, 人間選書 90. 農山漁村文化協会 , 東京 .

16 Codex Alimentarius Commission, Joint FAO/WTO Standard Programme (1999) Section 13 Aquaculture production, proposed draft code of practice for fish and fishery products (At Step 3 of the Procedure). Appendix VI, ALINORM 99/18.

17 DEBIO (1995) Organic Fish Farming Standards for Edible Fish.

18 大元鈴子 (2016) 第 11 章　小規模家族経営水産養殖と世界基準――ベトナムの有機エビ養殖 . 大元鈴子・佐藤哲・内藤大輔編『国際資源管理認証――エコラベルがつなぐグローバルとローカル』, 東京大学出版会 , 東京 .

19 オルター・トレード・ジャパン (1999)『エコシュリンプガイドブック――風と水と太陽が育てるエビの秘密』, オルター・トレード・ジャパン , 東京 .

20 Marine Stewardship Council (2015) 年次報告書 2014 年度 .

21 マリン・エコラベル・ジャパン . 認証された漁業 .
http://www.melj.jp/ (2016 年 9 月 18 日参照)

22 WWF パンダショップ .
http://shop.wwf.or.jp/ (2016 年 9 月 18 日参照)

23 尺鮎トラスト .
http://ayu.moo.jp/ (2016 年 9 月 18 日参照)

24 大地を守る会 . 水産物取り扱い基準 .
http://www.daichi-m.co.jp/corporate/safety/basis/suisan/ (2016 年 9 月 18 日参照)

25 内橋克人 (1995)『共生の大地――新しい経済がはじまる』.
岩波新書 (新赤版) 381, 岩波書店 , 東京 .

26 水産庁 (2015)『平成 27 年版水産白書』.

[参考文献]

这本书有几章的内容是以以下论文为基础的。

第 2 章　川辺みどり (2007) 国連ミレニアム生態系評価における沿岸システムの評価と課題，漁業経済研究 52 (1), 49-72.

第 4 章　Midori Kawabe, Hiroshi Kohno, Reiko Ikeda, Takashi Ishimaru, Osamu Baba, Naho Horimoto, Jota Kanda, Masaji Matsuyama, Masato Moteki, Yayoi Oshima, Tsuyoshi Sasaki, Yap Minlee (2013) Developing Partnerships with the Community for Coastal ESD, *International Journal of Sustainability in Higher Education 14* (2), 122-132.

第 5 章　有馬優香・堀本奈穂・川辺みどり・石丸隆・河野博・茂木正人 (2012) 大学とインタープリターの協同による海洋環境教育の意義と課題——葛西臨海たんけん隊プログラムを事例として，沿岸域学会誌 24 (2), 75-87.

第 6 章　川辺みどり・神田穣太・櫻本和美・小山紀雄・河野博として、沿岸域学会誌 26 (1), 67-79.

第 7 章　川辺みどり (2008) 参加型資源管理のキャパシティ・ビルディングにおけるケース・メソッドの可能性，漁業経済研究 53(1), 37-54.

第 9 章　川辺みどり (2007)「緑のさかな」を食べる——社会変革を求める水産物購入，地域漁業研究 47 (1), 177-196.